奶牛疾病预防与治疗药物规范使用速查手册

王　杰　主编

西北农林科技大学出版社
Northwest A&F University Press
·杨凌·

图书在版编目（CIP）数据

奶牛疾病预防与治疗药物规范使用速查手册 / 王杰主编. -- 杨凌 : 西北农林科技大学出版社，2024. 9.
ISBN 978-7-5683-1468-8

Ⅰ. S858.23-62

中国国家版本馆CIP数据核字第2024VS4548号

奶牛疾病预防与治疗药物规范使用速查手册

王杰 **主编**

出版发行	西北农林科技大学出版社		
地　　址	陕西杨凌杨武路3号	**邮　编**	712100
电　　话	总编室：029-87093195	发行部：	029-87093302
电子邮箱	press0809@163.com		
印　　刷	陕西天地印刷有限公司		
版　　次	2024年9月第1版		
印　　次	2024年9月第1次印刷		
开　　本	850 mm × 1168 mm　1/32		
印　　张	4.125		
字　　数	121千字		

ISBN 978-7-5683-1468-8

定价：18.00元

编写人员名单

主　编：王　杰

副主编：武　坚　陈古丽　冯学俊

编　者：（按姓氏笔画排序）

马砚军　王夕虎　王陆宝　木克日木·帕尔哈提　邓　强

艾尼玩·买买提　艾莎江·阿布拉　毕兰舒　朱兵山　任　禾

伊力哈木·阿巴别克　刘晓强　祁巧芬　玛依拉·胡那比亚

杜雪晴　李　威　杨　润　沈辰峰　宋　丽　张想峰　陆桂丽　陈　军

努尔巴哈特·巴特克西克　苗书魁　孟小林　参都哈西·加吾丁

哈力旦木·吾甫尔　党　乐　郭同军　韩　涛　曾　黎

审　校：陈世军　黄　炯

前言
PREFACE

在动物疾病预防与治疗过程中，首先要做“规范兽医”，即做到符合国家政策要求的“养殖减抗、饲料限抗、产品无抗”，其次要做“精准兽医”，即努力做到兽药使用技术层面所要求的“有效、安全、经济”。

本书介绍了奶牛临床药物类别、药物制剂、适应证、剂量、用法、不良反应和注意事项等内容，所载药物包括：①制剂名称右上角标“典”字者，为《中华人民共和国兽药典》（简称《中国兽药典》）2020版所规范的用于奶牛的化学药物；②未标“典”字者为《养殖场兽药规范使用手册系列丛书》（中国农业出版社，2018.12第一版）及其他技术资料推荐用于奶牛临床的化学药物。

对兽药使用者而言，除《中国兽药典》外，产品标签和说明书也是规范使用兽药必须遵循的法定文件。兽药标签和说明书必须经国务院兽医行政管理部门审核批准，内容基本与《中国兽药典》一致。标签外用药是指在标签说明以外的任何应用，包括动物种属、适应证、给药途径、剂量和疗程等，属于不合理用药。食品动物（包括奶牛）禁止标签外用药，因其不能保证动物用药安全、畜产品质量安全和公共卫生安全。

表中剂量未作特别注明者，均指药物纯品本身的量。

基于循证医学的奶牛常见病原的治疗药物经验选择见附表 1 和附表 2。

为便于读者查询，本书最后附有按照拼音字母顺序排列的药物名称索引。

陈世军老师在本书策划、组织编写以及审校过程中提供了大量的指导意见和帮助，在此致以衷心感谢！

在本书编写过程中，笔者尝试着用尽量少的物理量携载尽量多的信息量，因此选择了表格的形式，保证这本小册子在完整转载《中国兽药典》全部奶牛相关内容的前提下，尽量便于携带和使用，有效提高《中国兽药典》指导兽医临床用药的可操作性。由于时间匆促和经验不足，本书难免存在许多不足和瑕疵，敬请广大读者批评指正。

编者

2024 年 6 月

目录

CONTENTS

一、抗微生物药

类别	药物制剂	适应证	剂量	用法	休药期/弃奶期	不良反应及注意事项
β-内酰胺类抗生素	注射用青霉素钠/钾[典]	窄谱繁殖期杀菌剂，对革兰氏阳性菌、革兰氏阴性球菌、螺旋体、放线菌有良效。为炭疽、破伤风、乳腺炎、恶性水肿、气肿疽及钩端螺旋体病的首选药	成年牛1万~2万单位/kg，犊牛2万~3万单位/kg	肌内注射，每天2~3次，连用2~3 d	0 d/72 h	1. 可引起过敏和胃肠道的二重感染 2. 口服无效，金黄色葡萄球菌易产生耐药性 3. 治疗梭菌病（如破伤风）和炭疽时宜与相应抗毒素联用 4. 与盐酸氯丙嗪、四环素类盐酸盐、磺胺类钠盐、B族维生素或维生素C混合可产生沉淀 5. 青霉素水溶液不稳定，冰箱中（2~8℃）可保存7 d，室温保存24 h 6. 青霉素钾肌内注射刺激性较强，静脉注射不可过快 7. 普鲁卡因青霉素不宜单独用于严重感染，禁止静脉注射 8. 苄星青霉素注射后，青霉素徐缓释放并被吸收，致其血液有效浓度低，但维持时间长，故不宜用于急性、严重感染，急性感染时应与青霉素钠合用
	注射用普鲁卡因青霉素[典]	粉针剂或油溶液肌内注射后吸收缓慢，适用于一些敏感菌所致的慢性感染，如尿路感染、肺炎、化脓性扁桃体炎、喉炎等		肌内注射，每天1次，连用2~3 d	4 d/72 h	
	普鲁卡因青霉素注射液[典]			肌内注射，每天1次，连用2~3 d	10 d/48 h	

续表

类别	药物制剂	适应证	剂量	用法	休药期/弃奶期	不良反应及注意事项
β-内酰胺类抗生素	注射用苄星青霉素（长效西林）[典]	适用于青霉素敏感菌所致的轻度和慢性感染。主要用于预防或需长期用药的动物，如预防呼吸道感染等	2万~3万单位/kg	肌内注射，3~4 d可重复1次	4 d/72 h	9. 与四环素类、酰胺醇类、大环内酯类等产生拮抗，不宜合用 10. 青霉素钠大剂量注射可能出现高钠血症，可使肾功能减退或心功能不全患畜病情加重 11. 严重感染可与其他抗生素（如庆大霉素等）联用 12. 氨苄西林混悬注射液使用时应先将药液摇匀，注射后应在注射部位多次轻轻按摩，如患畜系由革兰氏阴性菌引起的疾病，每日可注射2次
	注射用氨苄西林钠[典]	对革兰氏阳性菌的作用与青霉素相似，对青霉素耐药的革兰氏阴性菌也有一定抗菌活性，具广谱抗菌作用。适用于敏感菌引起的呼吸系统、肠道、泌尿系统、脑膜炎和心内膜炎等疾病	10~20 mg/kg	肌内注射或静脉注射，每天2~3次，连用2~3 d	6 d/48 h	
	氨苄西林混悬注射液		5~7 mg/kg	肌内注射、皮下注射		

续表

类别	药物制剂	适应证	剂量	用法	休药期/弃奶期	不良反应及注意事项
β-内酰胺类抗生素	海他西林	本品由氨苄西林与丙酮发生缩合反应而成。本身无抗菌活性，进入动物体内迅速水解为氨苄西林而发挥作用，1.1 g 海他西林钾相当于 1 g 海他西林或 0.9 g 氨苄西林。本品适应证同氨苄西林	同氨苄西林			同此列上
	注射用氨苄西林钠氯唑西林钠	主要用于化脓性链球菌、肺炎球菌和耐酶金黄色葡萄球菌引起的呼吸道、胃肠道、泌尿道和软组织感染	20 mg/kg	肌内注射或静脉注射，每天 2~3 次，连用 3 d	28 d/7 d	1. 本品溶解后应立即使用 2. 对青霉素过敏的动物禁用

续表

类别	药物制剂	适应证	剂量	用法	休药期 / 弃奶期	不良反应及注意事项
β-内酰胺类抗生素	注射用阿莫西林钠[典]	作用、应用及抗菌谱与氨苄西林基本相似，但对肠球菌和沙门氏菌的作用略强，用于防治敏感菌所致的肺部、尿道、消化道、胆道、乳腺感染，亦可用于败血症和心内膜炎	5~10 mg/kg	皮下注射或肌内注射，每天2次，连用3~5 d	14 d/5 d	1. 现用现配 2. 对青霉素耐药的细菌感染不宜应用 3. 对青霉素过敏的动物禁用
	阿莫西林注射液		15 mg/kg	肌内注射，如需要可在 48 h 后再注射 1 次	16 d/72 h	1. 严重肾功能不全患畜慎用 2. 用前摇匀 3. 每个注射部位不超过 20 mL
	阿莫西林克拉维酸钾注射液	用于阿莫西林敏感菌引起的感染	1 mL/20 kg（以本品计）	皮下注射或肌内注射，每天 1 次，连用 3~5 d	42 d/60 h	1. 制剂：（1）10 mL：阿莫西林 1.4 g 与克拉维酸钾 0.35 g；（2）50 mL：阿莫西林 7 g 与克拉维酸钾 1.75 g 2. 使用前摇匀，注射后轻轻按摩注射部位 3. 青霉素过敏者禁止接触本品 4. 使用完全干燥的针头和注射器，避免水污染药物 5. 首次使用药物后，包装内的剩余药物应在 28 d 内用完

续表

类别	药物制剂	适应证	剂量	用法	休药期 / 弃奶期	不良反应及注意事项
β-内酰胺类抗生素	注射用苯唑西林钠[典]	用于耐青霉素葡萄球菌所致的感染，如败血症、肺炎、乳腺炎、皮肤或软组织感染。因不易透过血脑屏障，不适用于中枢神经系统感染	10~15 mg/kg	肌内注射，每天 2~3 次，连用 2~3 d	14 d/72 h	1. 对青霉素敏感菌仍以青霉素为首选 2. 与氨基糖苷类、盐酸四环素、葡萄糖注射液等酸性溶液混合会降低药效 3. 与氨苄西林或庆大霉素合用可增强抗菌活性 4. 与四环素类、酰胺醇类、大环内酯类等产生拮抗 5. 水溶液不稳定，宜现用现配，必要时可在冰箱中（2~7℃）保存 7 d，室温中保存 24 h 6. 大剂量注射可能出现高钠血症，可对肾功能减退或心功能不全家畜产生不良影响 7. 局部刺激性较强，偶有过敏反应
	注射用头孢噻呋钠[典]	属第三代头孢菌素类抗生素，用于治疗细菌性疾病。如大肠杆菌、沙门氏菌感染等，还可治疗由坏死性梭杆菌和产黑素拟杆菌感染引起的奶牛腐蹄病	1.1~2.2 mg/kg	皮下注射或肌内注射，每天 1 次，连用 3 d	4 d/12 h	1. 现配现用 2. 与青霉素和氨基糖苷类药物合用有协同作用 3. 可能引起胃肠道菌群紊乱或二重感染 4. 有一定的肾毒性 5. 可引起牛特征性的脱毛和瘙痒

续表

类别	药物制剂	适应证	剂量	用法	休药期/弃奶期	不良反应及注意事项
β-内酰胺类抗生素	盐酸头孢噻呋注射液	属第三代头孢菌素类抗生素，用于治疗奶牛产后子宫炎及由坏死性梭杆菌和产黑素拟杆菌感染引起的奶牛腐蹄病	进口标准，2.2 mg/kg	皮下注射或肌内注射，每天1次，连用5 d	4 d/12 h	1. 可能引起过敏，发生过敏可注射肾上腺素解救 2. 与青霉素和氨基糖苷类药物合用有协同作用 3. 可能引起胃肠道菌群紊乱或二重感染 4. 有一定的肾毒性 5. 可引起牛特征性的脱毛和瘙痒 6. 不宜冷冻，用前应充分摇匀 7. 每个注射点不宜超过 15 mL 8 对头孢菌素和青霉素过敏的人员禁止接触本品
			国内标准，1.1~2.2 mg/kg	皮下注射或肌内注射，每天1次，连用3 d		
	头孢噻呋晶体注射液	用于治疗和预防溶血性巴氏杆菌、多杀性巴氏杆菌和睡眠嗜血杆菌感染引起的牛呼吸系统疾病（肺炎和运输热）	6.6 mg/kg	皮下注射，（耳背单次皮下注射）	13 d/0 h	1. 泌乳奶牛注射部位为近头部耳背面根部（耳根处）单次皮下注射；非泌乳奶牛注射部位为近头部耳背面根部（耳根处）或耳背长轴中部（指均分为三部分的中部）单次皮下注射 2. 用前将药液摇匀 3. 大部分动物用药 35 d 后起治疗反应，如果不见效，则应考虑诊断的准确性 4. 严禁用于对该药过敏的动物 5. 严禁将药物注入静脉内，否则可导致小牛死亡 6. 皮下注射完毕退针时，用手指压迫进针处，并向耳根部方向轻轻按摩

续表

类别	药物制剂	适应证	剂量	用法	休药期 / 弃奶期	不良反应及注意事项
β-内酰胺类抗生素	硫酸头孢喹肟注射液	属第四代头孢菌素类抗生素，敏感菌有大肠杆菌、克雷伯杆菌、巴氏杆菌、变形杆菌、沙门氏菌、黏质沙雷菌、嗜血杆菌、化脓放线菌、棒状杆菌、金黄色葡萄球菌、链球菌、梭状芽孢杆菌等，主要用于治疗大肠杆菌引起的奶牛乳房炎	1 mg/kg	肌内注射，每天 1 次，连用 3 d	5 d/24 h	1. 对 β－内酰胺类抗生素过敏的动物禁用 2. 对青霉素和头孢类抗生素过敏者勿接触本品 3. 使用前应充分摇匀
氨基糖苷类抗生素	注射用硫酸链霉素[典]	对多数革兰氏阴性杆菌有效，口服难吸收，肌内注射给药用于敏感菌引起的全身和尿道感染，如大肠杆菌病、巴氏杆菌病、沙门氏菌病、布鲁氏菌病等	10~15 mg/kg	肌内注射，每天 2 次，连用 2~3 d	18 d/72 h	1. 具有耳毒性和肾毒性，剂量过大或静脉注射过快的急性中毒可试用新斯的明或葡萄糖酸钙解救 2. 治疗尿路感染同时服用碳酸氢钠碱化尿液可提高效力 3. 若经 2~3 d 治疗未见好转，应及时改换他药 4. 易产生耐药性，宜与 β－内酰胺类抗生素、甲氧苄啶－磺胺等联合使用，可产生协同作用

续表

<table>
<tr><th>类别</th><th>药物制剂</th><th>适应证</th><th>剂量</th><th>用法</th><th>休药期 / 弃奶期</th><th>不良反应及注意事项</th></tr>
<tr><td rowspan="2">氨基糖苷类抗生素</td><td>硫酸双氢链霉素注射液</td><td rowspan="2">本品抗菌谱和作用与链霉素相似，应用同链霉素。用于革兰氏阴性杆菌和结核分枝杆菌感染</td><td rowspan="2">10 mg/kg</td><td rowspan="2">肌内注射，每天 2 次，连用 2~3 d</td><td rowspan="2">18 d/72 h</td><td rowspan="2">5. 肾功能损害时慎用；患畜脱水可增加其肾毒性，与其他氨基糖苷类、红霉素、多黏菌素 B、呋塞米、甘露醇、右旋糖酐等联合使用可增强肾毒性和耳毒性
6. 与青霉素类和头孢菌素类钠盐、磺胺类钠盐、氨茶碱、碳酸氢钠、维生素 C 等有配伍禁忌
7. 大剂量可引起神经肌肉传导阻断，表现为呼吸抑制，故不可静脉推注
8.Ca^{2+}、Mg^{2+}、Na^{+}、NH_4^{+} 和 K^{+} 等阳离子可抑制本类药物的抗菌活性，不宜与含上述离子的制剂配伍
9. 对三体（支原体、立克次氏体和衣原体）、厌氧菌、链球菌效差，立克次体和真菌对本品具耐药性
10. 内服可能损害肠壁绒毛而影响肠道对脂肪、蛋白质、糖、铁等的吸收，也可引起厌氧菌或真菌等二重感染
11. 新斯的明等抗胆碱酯酶药、钙制剂可拮抗其肌肉传导阻断作用</td></tr>
<tr><td>注射用硫酸双氢链霉素</td></tr>
</table>

续表

类别	药物制剂	适应证	剂量	用法	休药期/弃奶期	不良反应及注意事项
氨基糖苷类抗生素	硫酸卡那霉素注射液[典] 注射用硫酸卡那霉素[典]	抗菌活性强于链霉素，对多数革兰氏阴性菌有效，对结核菌和耐青霉素金黄色葡萄球菌也有效，用于敏感菌引起的呼吸道、肠道和尿路感染及败血症等严重感染	10~15 mg/kg	肌内注射，每天2次，连用 3~5 d	28 d/7 d	同此列上
	硫酸庆大霉素注射液[典]	对多数革兰氏阴性菌、多种革兰氏阳性菌（如金黄色葡萄球菌）、绿脓杆菌有效，对厌氧菌和链球菌属效差。用于防治敏感菌引起的败血症、乳腺炎，及防治肠道、泌尿道、呼吸道和烧伤的感染	2~4 mg/kg	静脉注射、皮下注射或肌内注射，每天2次，连用 2~3 d	40 d/ 未制定	

续表

类别	药物制剂	适应证	剂量	用法	休药期/弃奶期	不良反应及注意事项
大环内酯类抗生素	注射用乳糖酸红霉素[典]	主要用于对青霉素耐药金黄色葡萄球菌、溶血性链球菌等所致的轻、中度感染及巴氏杆菌和支原体引起的呼吸系统感染	3~5 mg/kg	静脉注射，每天 2 次，连用 2~3 d	14 d/72 h	1. 用前用适量灭菌用水溶解，然后用 5% 葡萄糖注射液稀释，浓度不超过 0.1%，使用时，先在每 100 mL 5% 葡萄糖中加入维生素 C 钠 0.2 g，再加入溶解好的红霉素，以保证其稳定性 2. 本品不可用生理盐水等含盐溶液溶解 3. 应缓慢静脉注射或静滴 4. 肌内注射刺激性强，宜采用深部肌内注射
	替米考星注射液[典]	主要抗革兰氏阳性菌，对少数革兰氏阴性菌和支原体也有效，用于肺炎（由巴氏杆菌、支原体等感染引起）及泌乳动物乳腺炎的治疗	10 mg/kg	皮下注射，仅注射 1 次	35 d/ 无须制定	1. 本品禁止静脉注射。牛 1 次静脉注射 5 mg/kg 即致死 2. 肌内和皮下注射均可出现局部反应（水肿等），避免与眼接触 3. 注射本品时应密切监测心血管状态 4. 泌乳期奶牛和肉牛、犊牛禁用

续表

类别	药物制剂	适应证	剂量	用法	休药期 / 弃奶期	不良反应及注意事项
大环内酯类抗生素	泰拉霉素注射液	用于对泰拉霉素敏感的溶血性巴氏杆菌、多杀性巴氏杆菌、睡眠嗜血杆菌和支原体引起的牛呼吸道疾病的治疗	2.5 mg/kg	皮下注射	49 d/ 无须制定	1. 一个注射部位的给药剂量不超过 7.5 mL（10% 浓度） 2. 对大环内酯类抗生素过敏动物禁用 3. 本品不能与其他大环内酯类抗生素或林可霉素同时使用 4. 供生产人用乳品的泌乳期奶牛禁用。预计在 2 个月内分娩的可能生产人用乳品的怀孕母牛或小母牛禁用本品 5. 在首次开启或抽取药液后应在 28 d 内使用。当多次取药时，建议使用专用吸取针头或多剂量注射器，以避免在瓶塞上扎孔过多 6. 泰拉霉素对眼睛有刺激性，如果眼睛意外接触到本品，应立即用清水冲洗。泰拉霉素接触到皮肤时，可引起过敏反应。如果皮肤意外接触到本品，应立即用肥皂和水冲洗。用后洗手 7. 应存放在儿童不能触及的地方

续表

<table>
<tr><th>类别</th><th>药物制剂</th><th>适应证</th><th>剂量</th><th>用法</th><th>休药期 / 弃奶期</th><th>不良反应及注意事项</th></tr>
<tr><td rowspan="5">四环素类抗生素</td><td>土霉素片 / 散[典]</td><td rowspan="3">用于某些革兰氏阳性菌和革兰氏阴性菌、立克次氏体、支原体、衣原体、螺旋体和少数原虫所引起的感染，如：犊牛腹泻、支原体肺炎、放线菌病等</td><td>犊牛10~25 mg/kg</td><td>口服，每天2~3次，连用 3~5 d</td><td>7 d/72 h</td><td rowspan="3">1. 成年反刍动物慎口服，因易引起肠道菌群紊乱，轻者导致维生素 B 和维生素 K 缺乏，重者造成二重感染，甚至死亡
2. 口服给药应避免与乳制品和含钙、镁、铅、铁等药物同用
3. 不宜与氨基糖苷类、氨茶碱、青霉素 G、氨苄青霉素、头孢菌素类、红霉素、磺胺嘧啶钠、碳酸氢钠等药物混合
4. 肝、肾功能严重不良患畜禁用
5. 影响骨骼和牙齿发育，因此孕牛、哺乳牛禁用
6. 盐酸盐刺激性强，不宜作肌内注射，静脉注射须缓慢，且充分稀释；口服可引起胃肠刺激，导致不食、呕吐、腹泻</td></tr>
<tr><td>土霉素注射液</td><td>10~20 mg/kg</td><td>肌内注射，每天2次，连用 2~3 d</td><td>28 d/7 d</td></tr>
<tr><td>注射用盐酸土霉素[典]</td><td>5~10 mg/kg</td><td>静脉注射，每天2次，连用 2~3 d</td><td>8 d/48 h</td></tr>
<tr><td>长效土霉素注射液</td><td rowspan="2">适用于防治革兰氏阳性菌和革兰氏阴性菌、立克次氏体、支原体等引起的非急性感染性疾病，如支原体肺炎、巴氏杆菌病、布鲁氏菌病、沙门氏菌病等</td><td rowspan="2">10~20 mg/kg</td><td rowspan="2">肌内注射，注射 1 次可维持药效时间长达 2~3 d</td><td rowspan="2">28 d/7 d</td><td rowspan="2">1. 泌乳牛禁用
2. 肌内注射每点不应超过 10 mL
3. 长效针仅用于肌内注射
4. 游离血药浓度低，不宜单用于急性重症感染
5. 其他参见土霉素注射液</td></tr>
<tr><td>长效盐酸土霉素注射液</td></tr>
</table>

续表

类别	药物制剂	适应证	剂量	用法	休药期 / 弃奶期	不良反应及注意事项
四环素类抗生素	四环素片	作用及应用与土霉素相似。但对革兰氏阴性菌的作用更好。用于某些革兰氏阳性菌和革兰氏阴性菌、立克次氏体、支原体、衣原体和螺旋体引起的感染性疾病	10~20 mg/kg	口服，每天2~3次，连用2~3 d	12 d/ 无须制定	1. 四环素过期变质生成有毒的差向四环素，不可再用 2. 注射剂见光易变色，在碱性溶液中不稳定 3. 易透过胎盘，也易进入乳汁，孕畜、泌乳期牛禁用 4. 静脉注射速度过快，可出现急性心衰 5. 其他注意事项见土霉素
	注射用盐酸四环素典		5~10 mg/kg	静脉注射，每天2次，连用2~3 d	8 d/48 h	
	盐酸多西环素片典	在四环素类中毒性最小，抗菌活性比四环素强10倍，对耐四环素的细菌仍有效。用于防治大肠杆菌、沙门氏菌、巴氏杆菌、梭菌、炭疽杆菌、布鲁氏菌以及立克次氏体、支原体等引起的感染性疾病	犊牛 3~5 mg/kg	口服，每天1次，连用3~5 d	28 d/ 无须制定	1. 肝、肾功能严重障碍者慎用 2. 盐酸盐刺激性大，静脉注射宜缓慢 3. 本品易透过胎盘，也易进入乳汁，孕畜、泌乳期牛禁用 4. 成年牛不宜口服，可引起肠道菌群紊乱和二重感染 5. 避免与乳制品和含钙量较高的饲料同服

续表

类别	药物制剂	适应证	剂量	用法	休药期/弃奶期	不良反应及注意事项
酰胺醇类抗生素	甲砜霉素片/散[典]	抗菌谱及抗菌活性与氯霉素近似。用于治疗幼畜副伤寒、肺炎及家畜肠道感染	5~10 mg/kg	口服，每天2次，连用2~3 d	28 d/7 d	1. 避免与大环内酯类、氟喹诺酮类及β-内酰胺类等药物联用，以免产生拮抗 2. 免疫抑制作用较强，疫苗接种期或免疫功能严重缺损动物禁用 3. 有胚胎毒性，妊娠和哺乳期母畜慎用 4. 肾功能不全动物宜减量或延长给药时间间隔 5. 长期使用可引起维生素缺乏或二重感染 6. 抑制肝微粒体药物代谢酶，从而影响其他药物代谢
多肽类	硫酸黏菌素预混剂	用于革兰氏阴性菌所致肠道疾病，并有一定的促生长作用	以黏菌素计，每1 000 kg饲料加入：牛（哺乳期）10~40 g	口服（混饲），连用3~5 d	7 d/未制定	1. 与杆菌肽锌1 ∶ 5配合有协同作用 2. 与骨骼肌松弛药（简称“肌松药”）和氨基糖苷类等神经肌肉阻滞剂合用可能引起肌无力和呼吸暂停 3. 与螯合剂（EDTA）和阳离子表面活剂对铜绿假单胞菌有协同作用，常联合用于局部感染的治疗 4. 与能损伤肾功能的药物合用，可增强其肾毒性 5. 全身应用可引起肾毒性、神经毒性和神经肌肉阻断效应

续表

类别	药物制剂	适应证	剂量	用法	休药期/弃奶期	不良反应及注意事项
多肽类	杆菌肽锌预混剂	用于促生长	以杆菌肽计，每1 000 kg饲料加入：3月龄以下犊牛10~100 g，3~6月龄犊牛4~40 g	口服（混饲）	0 d/无须制定	不宜用于成年动物
磺胺类化学合成抗菌药	磺胺噻唑（ST）片[典]	对大多数革兰氏阳性菌和革兰氏阴性菌都有效，抗菌力较强，但半衰期（$T1/2$）较短，不易保持血药浓度，且易引起结晶尿和血尿，现较少用。临床用于敏感菌引起的肺炎、子宫内膜炎、败血症等	70~100 mg/kg，首次剂量加倍	口服，每天2~3次，连用3~5 d	28 d/7 d	1. 磺胺类药物口服的首次剂量要加倍，同时维持量和疗程要充足 2. 长期或大剂量应用易引起结晶尿，应同时应用碳酸氢钠，并给予充足饮水 3. 注射剂遇酸类可析出结晶，故不宜用5%葡萄糖注射液稀释 4. 出现过敏反应时应立即停药，并对症处理 5. 破坏造血机能，引起溶血性贫血和出血 6. 磺胺类药物抑制犊牛免疫系统，疫苗接种期禁用
	磺胺噻唑钠注射液[典]		50~100 mg/kg	静脉注射，每天2次，连用3 d		

续表

类别	药物制剂	适应证	剂量	用法	休药期/弃奶期	不良反应及注意事项
磺胺类化学合成抗菌药	磺胺嘧啶（SD）片[典]	可用于各种动物的敏感菌及弓形体所致感染。本品易进入脑脊液中，是治疗脑部感染的首选药之一。为减少肾损害，可同时口服碳酸氢钠	70~100 mg/kg，首次剂量加倍	口服，每天2次，连用3~5 d	28 d/7 d	1. 急性或严重感染患畜不宜口服给药 2. 肾功能损害或脱水、酸中毒时忌用或慎用，禁与氯化铵合用 3. 长期用药需补充维生素 B 和维生素 K 4. 高剂量或长期使用可引起结晶尿、血尿或肾小管阻塞，故用药期间应给患畜供给足量饮水。大剂量、长时间应用时宜同时给予等量碳酸氢钠，但注射液忌与碳酸氢钠混合，否则会产生沉淀 5. 出现过敏反应或其他严重不良反应时应立即停药，并对症处理 6. 静脉注射过快或剂量过大可致急性中毒，表现兴奋、共济失调、昏迷等 7. 注射液遇酸可析出结晶，故不宜用 5% 葡萄糖稀释 8. 导致粒细胞减少，血小板减少，肝肾损害等，抑制幼畜免疫系统，疫苗接种期禁用
	磺胺嘧啶钠注射液[典]		50~100 mg/kg	静脉注射，每天 1~2 次，连用 2~3 d	10 d/72 h	
	复方磺胺嘧啶钠注射液[典]	用于家畜敏感菌及弓形体感染	以磺胺嘧啶钠计，20~30 mg/kg	肌内注射，每天 1~2 次，连用 2~3 d	12 d/48 h	

续表

类别	药物制剂	适应证	剂量	用法	休药期 / 弃奶期	不良反应及注意事项
磺胺类化学合成抗菌药	磺胺嘧啶银（SD-Ag）混悬液[典]	用于烧伤创面抗感染	外用	散布或2%混悬液湿敷	无须制定	1. 一过性疼痛 2. 用前彻底清创排脓，以免脓液和坏死组织中的对氨基苯甲酸（PABA) 减弱磺胺药的作用
	磺胺二甲嘧啶 (SM_2) 片[典]	抗菌作用比 SD 弱，但乙酰化率低，不良反应小，不易引起泌尿道损害。用于巴氏杆菌病、乳腺炎、子宫内膜炎以及呼吸道、消化道感染以及球虫病和弓形体病的治疗	70~100 mg/kg，首次剂量加倍	口服，每天1~2次，连用 3~5 d	10 d/7 d	1. 组织刺激性大 2. 注意事项参见磺胺嘧啶
	磺胺二甲嘧啶（SM_2）钠注射液[典]		50~100 mg/kg	静脉注射，每天 1~2 次，连用 2~3 d	28 d/7 d	
	磺胺甲噁唑（SMZ）片[典]	抗菌谱与磺胺嘧啶相近，但抗菌作用较 SD 强。适用于敏感菌引起的尿道和呼吸道感染	25~50 mg/kg，首次剂量加倍	口服，每天 2 次，连用 3~5 d		1. 对磺胺药物过敏的动物禁用，出现过敏应立即停药，并对症处理 2. 给药期间供给大量饮水，同时给予等量碳酸氢钠 3. 肝肾受损的牛慎用 4. 长期用药需补充维生素 B 和维生素 K 5. 连续用药不宜超过 1 周 6. 其他参见磺胺嘧啶
	复方磺胺甲噁唑注射液		以 SMZ 计，20~25 mg/kg	肌内注射，每天 2 次		

续表

类别	药物制剂	适应证	剂量	用法	休药期 / 弃奶期	不良反应及注意事项
磺胺类化学合成抗菌药	复方磺胺甲噁唑片 / 粉[典]	双重阻断细菌叶酸代谢，增强抗菌效力。临床用于敏感菌引起的呼吸道、泌尿系统感染	以 SMZ 计，20~25 mg/kg	口服，每天 2 次，连用 3~5 d	28 d/7 d	同此列上
	磺胺–6–甲氧嘧啶（SMM，磺胺间甲氧嘧啶）片[典]	为磺胺类体外抗菌活性最强的药物。用于呼吸道、肠道和尿路感染。对球虫病、弓形虫病作用也较强，常作紧急治疗药物，宜与碳酸氢钠同用，以增强效果并降低肾毒性	25~50 mg/kg，首次剂量加倍	口服，每天 2 次，连用 3~5 d		1. 连续用药不宜超过 10 d 2. 长期使用，可影响叶酸的代谢和利用，应注意添加叶酸制剂 3. 其他注意事项见 SD
	磺胺–6–甲氧嘧啶（SMM）钠注射液[典]		以 SMM–Na 计，50 mg/kg	静脉注射，每天1~2次，连用 2~3 d		

续表

<table>
<tr><th>类别</th><th>药物制剂</th><th>适应证</th><th>剂量</th><th>用法</th><th>休药期 / 弃奶期</th><th>不良反应及注意事项</th></tr>
<tr><td rowspan="3">磺胺类化学合成抗菌药</td><td>磺胺对甲氧嘧啶（SMD）片[典]</td><td rowspan="3">抗菌作用比SMM弱，从尿中排泄缓慢。主要用于畜禽泌尿道、呼吸道和皮肤软组织细菌性感染，亦可用于防治球虫病</td><td>25~50 mg/kg</td><td>口服，每天1~2次，连用 3~5 d</td><td rowspan="3">28 d/7d</td><td rowspan="3">1. 口服磺胺对甲氧嘧啶片的首次量加倍
2. 连用不应超过 10 d
3. 注意事项见 SD</td></tr>
<tr><td>复方磺胺对甲氧嘧啶（SMD）片[典]</td><td>以 SMD 计，20~25 mg/kg</td><td>口服，每天2~3次，连用 3~5 d</td></tr>
<tr><td>复方磺胺对甲氧嘧啶（SMD）钠注射液[典]</td><td>以 SMD 计，15~20 mg/kg</td><td>肌内注射，每天1~2次，连用2~3 d</td></tr>
</table>

续表

<table>
<tr><th>类别</th><th>药物制剂</th><th>适应证</th><th>剂量</th><th>用法</th><th>休药期/弃奶期</th><th>不良反应及注意事项</th></tr>
<tr><td rowspan="3">磺胺类化学合成抗菌药</td><td>磺胺甲氧达嗪（SMP）片[典]</td><td>用于链球菌、葡萄球菌、肺炎球菌、大肠杆菌和李氏杆菌等敏感菌感染</td><td>首次量 100 mg/kg，维持量 70 mg/kg</td><td>口服，每天 2 次，连用 3~5 d</td><td rowspan="2">28 d/7 d</td><td>参见 SD</td></tr>
<tr><td>磺胺脒（SG）片[典]</td><td>口服吸收较少，在肠道内浓度较高。临床用于犊牛消化道细菌性感染的治疗，在肠道内的抗菌作用：PST > SST > SG</td><td>100~200 mg/kg</td><td>口服，每天 2 次，连用 3~5 d</td><td>1. 无须，同服碳酸氢钠
2.1~2 日龄犊牛肠内吸收率高，此外，用量过大、肠阻塞或严重脱水病畜，吸收量会增加，可致肾损害（结晶尿）
3. 不宜长期服用，因可影响胃肠道菌群</td></tr>
<tr><td>酞磺胺噻唑（PST）片[典]</td><td>口服吸收较少，用于幼畜和中、小动物肠道敏感菌感染，也可用于预防肠道手术感染</td><td>70~100 mg/kg</td><td colspan="3">参考磺胺脒片</td></tr>
</table>

续表

类别	药物制剂	适应证	剂量	用法	休药期 / 弃奶期	不良反应及注意事项
喹诺酮类化学合成抗菌药	恩诺沙星注射液[典]	恩诺沙星为动物专用广谱杀菌性抗菌药物 氟喹诺酮类广谱抗菌药物，对大肠杆菌、布鲁氏菌、沙门氏菌、克雷伯菌、巴氏杆菌、胸膜肺炎放线菌、丹毒杆菌、化脓棒状杆菌金色葡萄球菌、支原体、衣原体有效，对铜绿假单胞菌和链球菌效弱，对厌氧菌效差。用于细菌和支原体感染 用于敏感菌引起的消化道、呼吸道、尿道、生殖道、皮肤软组织感染	2.5 mg/kg	肌内注射，每天 1 ~ 2 次，连用 2~3 d	14 d/ 无须制定	1. 对中枢神经有潜在兴奋作用，可诱导癫痫发作，患癫痫病的动物慎用 2. 为防止细菌产生耐药性，不应在亚治疗剂量下长期使用 3. 肌内注射有一定刺激性 4. 因其损害关节软骨，幼年动物和孕畜慎用，泌乳动物禁用 5. 不可与氨茶碱、碳酸氢钠混合 6. 可引起皮肤红斑、瘙痒、荨麻疹及光敏反应
	盐酸环丙沙星注射液		以环丙沙星计，2.5~5 mg/kg	静脉注射或肌内注射，每天 2 次，连用 3 d	28 d/ 无须制定	1. 与氨基糖苷类和广谱青霉素类有协同作用 2.Ca^{2+}、Mg^{2+}、Fe^{3+} 和 Al^{3+} 等金属离子可与本品螯合，影响吸收 3. 可抑制肝药酶，使主要通过肝脏代谢的药物清除率降低，血药浓度升高 4. 使幼龄动物骨骼发生变性，影响其骨骼发育并引起跛行和疼痛，慎用于幼龄种畜 5. 可引起消化系统反应，如食欲不振、腹泻等 6. 怀孕和泌乳动物禁用 7. 肾功能不全动物慎用
	乳酸环丙沙星注射液		以环丙沙星计，2.5 mg/kg	肌内注射，每天 2 次，连用 3 d	14 d/ 无须制定	
			以环丙沙星计，2 mg/kg	静脉注射，每天 2 次，连用 3 d		

续表

类别	药物制剂	适应证	剂量	用法	休药期/弃奶期	不良反应及注意事项
其他合成的抗菌药	乙酰甲喹	属于喹噁啉类广谱抗菌药，对多数细菌具有较强的抑菌作用，对革兰氏阴性菌作用强于革兰氏阳性菌。用于细菌性肠炎	以乙酰甲喹计，5~10mg/kg	口服	35 d/ 未制定	剂量高于推荐量的 3~5 倍时，或长期应用会引起毒性反应，甚至死亡
	乌洛托品注射液[典]	吸收后以原形从尿中排出，遇酸性尿分解产生甲醛抑杀病菌。本品对革兰氏阴性菌有很好效果，用于尿路感染	15~30 g/ 次	静脉注射	无须制定	1. 对胃肠道有刺激作用，长期应用可出现排尿困难 2. 宜加服氯化铵，使尿液呈酸性而增效。不宜与碳酸氢钠配伍应用
抗菌中草药	2% 黄芪多糖注射液	为干扰素诱导剂，还能促进抗体生成，能提高机体免疫力。兽医临床用于动物病毒性疾病的防治	0.15 mL/kg	皮下注射、肌内注射或静脉注射，两天 1 次		本品仅调节免疫功能，对细菌、病毒无直接作用，应同抗菌、抗病毒药联合使用

续表

类别	药物制剂	适应证	剂量	用法	休药期/弃奶期	不良反应及注意事项
抗菌中草药	盐酸小檗碱（黄连素）片典	抗菌活性不及化学药物。用于敏感菌所致胃肠炎、细菌性痢疾等消化道感染	2~5 g/次	口服，每天3次	无须制定	1. 口服偶有呕吐 2. 注射液不能静脉注射 3. 注射液遇冷析出结晶时，用前可浸入热水中振摇溶解澄明后，待降至常温时再用
	硫酸小檗碱注射液		以硫酸小檗碱计，0.15~0.4 g/次	肌内注射		1. 本品不能静脉注射 2. 遇冷析出结晶时，用前可浸入热水中振摇溶解，待降至体温时使用
抗真菌药	水杨酸典	低浓度（1%~2%）时有角质增生作用，能促进表皮的生长；高浓度（10%~20%）时可溶解角质。用于皮肤真菌感染	外用	1%软膏或1%醇溶液适量，涂敷患处		1. 重复涂敷可引起刺激。不可大面积涂敷，以免吸收中毒 2. 皮肤破损处禁用

二、消毒防腐及外用药

类别	药物制剂	适应证	剂量	用法	不良反应及注意事项
酚类	苯酚（石炭酸）[典]	用于器械、用具和环境等消毒，能杀灭细菌、真菌和炭疽芽孢，但对病毒的作用较弱	配成 2%~5% 溶液	喷洒，浸泡	1. 本品对皮肤和黏膜有腐蚀性，对动物和人有较强的毒性，不能用于创面和皮肤的消毒 2. 忌与碘、溴、高锰酸钾、过氧化氢等配伍应用 3. 碱性环境、脂类和皂类等能减弱其杀菌作用
	复合酚	用于圈舍、器具、排泄物和车辆等消毒，能杀灭多种细菌和病毒	配成 0.3%~1.0% 水溶液	喷洒	1. 对皮肤、黏膜有刺激性和腐蚀性，毒性较强，不能用于创面和皮肤的消毒 2. 禁与碱性药物或其他消毒剂混用
			配成 1.6% 水溶液	浸涤	
	甲酚皂（来苏尔）溶液	用于器械、圈舍或排泄物等消毒，可杀灭病原菌繁殖体，对芽孢无效，对病毒作用较弱	配成 5%~10% 水溶液	喷洒或浸泡	1. 甲酚有特臭，不宜在乳畜场、肉联厂、食品加工厂应用 2. 由于色泽污染，不宜用于棉、毛纤制品的消毒 3. 对皮肤有刺激性，使用者注意个人防护，若用其 1%~2% 溶液消毒手和皮肤，务必精确计量
	10% 氯甲酚溶液	用于圈舍及环境消毒，对细菌繁殖体、真菌和结核杆菌均有较强的杀灭作用，但不能杀灭细菌芽孢	以本品计，1：（33~100）倍稀释	喷洒	1. 本品对皮肤、黏膜有腐蚀性，注意个人防护 2. 现用现配，稀释后不宜久贮 3. pH 值较低时，杀菌效果较好，有机物可减弱其杀菌效能

续表

类别	药物制剂	适应证	剂量	用法	不良反应及注意事项
醇类	乙醇（酒精）[典]	能杀死细菌繁殖体，对结核分枝杆菌、囊膜病毒也有杀灭作用，但对芽孢无效。用于手、皮肤、体温计、注射针头和小件医疗器械的消毒	75% 溶液	涂擦	1. 乙醇对黏膜刺激性大，不能用于黏膜和创面消毒 2. 当乙醇的浓度低于 20% 时，杀菌作用微弱 3. 易燃，注意防火
醛类	36% 甲醛溶液（福尔马林）[典]	用于圈舍、仓库、器械、皮毛和衣物的熏蒸消毒，也用于尸体和标本防腐，能杀死细菌繁殖体、芽孢（如炭疽芽孢）、结核分枝杆菌、病毒及真菌等；也可口服用于牛胃肠道的异常发酵	以本品计，$15\ mL/m^3$	空间熏蒸	1. 强刺激性，药液污染皮肤，应立即用肥皂和水清洗 2. 甲醛气体有强致癌作用，尤其是肺癌 3. 消毒后在物体表面形成一层具腐蚀作用的薄膜 4. 动物误服甲醛溶液，应迅速灌服稀氨水解毒 5. 消毒温度尽量保持在 20℃以上
			以本品计，配成 5%~10% 溶液	标本、尸体等浸泡防腐	
			每立方米空间用甲醛溶液 42 mL、高锰酸钾 21 g、水 7 mL	对洗涤室、垫料熏蒸消毒 30 min	
			以本品计，8~25 mL/ 次	口服，口服前先用水稀释 20~30 倍	

续表

类别	药物制剂	适应证	剂量	用法	不良反应及注意事项
醛类	复方甲醛溶液	为甲醛、乙二醛、戊二醛和苯扎氯铵合剂消毒药，用于圈舍及器具的消毒	1：（200~400）倍稀释	圈舍、物品、运输工具喷雾	1. 对皮肤、黏膜有强刺激性，操作人员要做好个人防护 2. 温度低于 5℃时，可适当提高使用浓度 3. 忌与其他阴离子表面活性剂（肥皂和洗衣粉）、盐类消毒剂（如含氯石灰、次氯酸钠）、碘化物和过氧化物等联合使用
			1：（100~200）倍稀释	发生疫病时喷雾	
	浓戊二醛溶液[典]	用于圈舍及器具的消毒，可杀灭细菌繁殖体、芽孢、病毒、结核分枝杆菌和真菌等	以戊二醛计：配成 2% 或 5% 的溶液	喷洒、浸泡（橡胶、塑料制品及手术器械）消毒 15~20 min 或放置至干	1. 避免接触皮肤和黏膜。如接触皮肤和黏膜后应及时用水冲洗干净 2. 不应接触金属器具 3. 水溶液 pH 值为 7.5~7.8 时，杀菌效果最佳
	稀戊二醛溶液[典]	用于橡胶、塑料制品和手术器械的消毒	以戊二醛计，配成 0.78% 溶液	喷洒使浸透，保持 5 min 或放置至干	避免接触皮肤和黏膜

续表

类别	药物制剂	适应证	剂量	用法	不良反应及注意事项
醛类	复方戊二醛溶液	为戊二醛和季铵盐类合剂消毒药，用于厩舍和器械的消毒，可杀灭细菌、病毒、芽孢	1：150倍稀释，9 mL/m²	喷洒	1. 避免接触皮肤和黏膜，避免吸入，使用者应着防护衣、手套、护面和护眼用具等 2. 禁与阴离子表面活性剂及盐类消毒剂（含氯石灰、次氯酸钠等）联合使用 3. 不宜用于膀胱镜、眼科器械及合成橡胶制品的消毒
			1：150倍稀释，无孔材料表面100 mL/m²，有孔材料表面300 mL/m²	涂刷	
季铵盐类（表面活性剂类）	季铵盐戊二醛溶液	含苯扎氯铵、癸甲溴铵和戊二醛，另配有无水碳酸钠。用于厩舍日常消毒，可杀灭细菌芽孢和病毒	日常消毒，1：（250~500）	以本品计，临用前将消毒液碱化（每100 mL消毒液加入无水碳酸钠2 g，搅拌至完全溶解），再用自来水稀释后喷雾或喷洒：每平方米200 mL	1. 使用前将厩舍清理干净 2. 对具有碳钢和铝设备的厩舍消毒时，须在消毒1 h后及时清洗残留的消毒液 3. 消毒液碱化后须在3 d内用完 4. 产品发生冻结时，用前要解冻并充分摇匀
			杀灭病毒，1：（100~200）		
			杀灭芽孢，1：（1~2）		

续表

类别	药物制剂	适应证	剂量	用法	不良反应及注意事项
季铵盐类（表面活性剂类）	苯扎溴铵（新洁尔灭）溶液[典]	为阳离子表面活性剂，用于手术器械、皮肤和创面消毒，对细菌繁殖体和亲脂性病毒有效，可抑制芽孢	以苯扎溴铵计，配成 0.01% 溶液	创面消毒	1. 禁与肥皂或其他阴离子表面活性剂、盐类消毒药、碘化物和过氧化物等联合使用，经肥皂洗手后，务必冲洗干净后再用本品 2. 不适用于粪便、污水和皮革等消毒 3. 配制器械消毒液时，需加 0.5% 亚硝酸钠，其水溶液不得贮存于聚乙烯制作的容器内，以避免与增塑剂起反应而使药液失效
			配成 0.1% 溶液	清洗皮肤，浸洗手术器械消毒	
	癸甲溴铵溶液	为阳离子表面活性剂，具有广谱、高效、无毒、抗硬水、抗有机物等优点，用于环境、水体、圈舍、饲喂器具等的消毒	以癸甲溴铵计，配成 0.0025%~0.005% 溶液	饮水消毒	1. 原液对皮肤和眼睛有轻微刺激，避免接触眼睛、皮肤和黏膜，如溅及眼睛和皮肤，立即以大量清水冲洗至少 15 min 2. 口服有毒性，如误食立即用大量清水或牛奶洗胃
			以癸甲溴铵计，配成 0.015%~0.05% 溶液	喷洒、浸洗圈舍或器械	
	度米芬[典]	为阳离子表面活性剂，对细菌芽孢和病毒效果不显著。有抗真菌作用。在中性或弱碱性溶液中效果更好，用于创面、黏膜、皮肤和器械的消毒	0.02%~0.05% 溶液	创面、黏膜消毒	1. 禁止与肥皂、盐类和其他合成洗涤剂、无机碱联合使用。避免使用铝制容器 2. 消毒金属器械须加 0.5% 亚硝酸钠防锈 3. 可引起人接触性皮炎，注意个人保护
			0.05%~0.1% 溶液	皮肤、器械消毒	

续表

类别	药物制剂	适应证	剂量	用法	不良反应及注意事项
季铵盐类（表面活性剂类）	醋酸氯己定（洗必泰）[典]	为阳离子表面活性剂，杀菌作用强于苯扎溴铵，迅速且持久，不易被有机物灭活，不抗硬水，用于皮肤、黏膜、手术创面、手及器械等的消毒	0.5%醇溶液（以70%乙醇配制）	皮肤消毒	1. 禁与肥皂、碱性物质和其他阳离子表面活性剂混合使用，金属器械消毒时加0.5%亚硝酸钠防锈 2. 禁与汞、甲醛、碘酊、高锰酸钾等消毒剂配伍应用 3 本品遇硬水可形成不溶性盐，遇软木（塞）可失去药物活性
			0.05%溶液	黏膜及创面消毒	
			0.02%溶液	手消毒	
			0.1%溶液	器械消毒	
	辛氨乙甘酸溶液	为两性离子表面活性剂，用于圈舍、环境、器械、种蛋和手的消毒，对细菌和真菌有效，对芽孢无效	1∶（100~200）	喷洒圈舍、环境，浸洗器械消毒	1. 忌与其他消毒药联合使用 2. 不宜用于粪便、污秽物及污水的消毒 3. 杀菌作用不受血清、牛奶等有机物的影响
			1∶1 000	手消毒	

续表

类别	药物制剂	适应证	剂量	用法	不良反应及注意事项
卤素类	含氯石灰（漂白粉）[典]	杀菌作用快而强，但不持久。含氯石灰对细菌繁殖体、芽孢、病毒及真菌都有杀灭作用，并可破坏肉毒梭菌毒素。用于饮水、厩舍、场地、车辆及排泄物等的消毒	每 50 L 水加本品 1 g	饮水消毒	1. 含氯石灰使用时可释放出氯气刺激皮肤和黏膜。严重时可引起急性氯气中毒，表现为躁动、呕吐、呼吸困难，注意防护 2. 对金属有腐蚀作用，可使有色棉织物褪色，应注意 3. 现用现配，久贮易失效，保存于阴凉干燥处
			5%~20% 混悬液	喷洒厩舍、场地、车辆及排泄物等	
	二氯异氰尿酸钠（优氯净）粉	主要用于圈舍、器具、畜栏及场地等的消毒	0.2%~0.3% 溶液	眼、鼻、阴道黏膜等消毒	1. 所需消毒溶液现配现用 2. 对金属有轻微腐蚀 3. 可使有色棉织品褪色
			10% 溶液	毛、鬃的消毒	
			1 ： 250 000 倍稀释	饮水消毒	
			以有效氯计，每 1 L 加水 0.1~1.0 g	圈舍、运动场、器具消毒	
			每 1 L 加水 0.2 g	疫源地消毒	

续表

类别	药物制剂	适应证	剂量	用法	不良反应及注意事项
卤素类	三氯异氰尿酸（健之素）粉	主要用于圈舍、畜栏、器具及饮水等的消毒	以有效氯计，配成 0.16% 溶液	喷洒、冲洗饲养场地的消毒	本品对人的皮肤与黏膜有刺激作用，对织物、金属有漂白或腐蚀作用，使用时注意防护
			以有效氯计，配成 0.04% 溶液	饲养用具消毒	
			以有效氯计，0.4 mg/L，作用 30 min	饮水消毒	
	次氯酸钠溶液	用于圈舍、器具及环境的消毒	以本品计，1：（50~100）稀释	圈舍、器具消毒	1. 本品对金属有腐蚀性，对织物有漂白作用 2. 可伤害皮肤，应置于儿童不能触及处 3. 包装物用后集中销毁
			以本品计，1：50 稀释	口蹄疫病毒疫源地消毒	
			以本品计，1：1 000 稀释	常规消毒	

续表

类别	药物制剂	适应证	剂量	用法	不良反应及注意事项
卤素类	复合次氯酸钙粉	用于空舍、周边环境喷雾消毒和带畜喷雾消毒，饲养器具的浸泡消毒和物体表面的擦洗消毒。可杀灭细菌繁殖体、病毒、芽孢等病原微生物	母液：先将A包内容物溶解到10 L水中，完全溶解后再加入B包内容物，以母液计，1 ：（15~20）稀释	喷雾：空圈舍和环境消毒，每立方米空间150~200 mL，作用30 min；带畜消毒，每立方米空间50 mL，作用30 min	1. 配制消毒母液时，袋内的A包与B包必须按顺序一次性全部溶解，不得增减使用量。配制好的消毒液应在密封非金属容器中贮存 2. 配制消毒液的水温不得超过50℃和低于25℃ 3. 若母液不能一次用完，应放于10 L桶内，密闭，置于凉暗处，可保存60 d 4. 禁止口服
			1 ： 30稀释	浸泡、擦洗饲养器具，按实际需要量作用20 min	
				杀灭特定病原体巴氏杆菌	
			1 ： 140稀释	杀灭大肠杆菌、金黄色葡萄球菌	
			1 : 2 100倍稀释	杀灭口蹄疫病毒	

续表

类别	药物制剂	适应证	剂量	用法	不良反应及注意事项
卤素类	复合亚氯酸钠	对细菌繁殖体、芽孢、病毒及真菌都有杀灭作用，并可破坏肉毒梭菌毒素，pH值越低，杀菌作用越强，用于圈舍、饲喂器具及饮水等的消毒，并有除臭作用	本品1 g加水10 mL溶解，加活化剂1.5mL活化后，加水至150mL备用。再按1：（15~20）稀释	圈舍、饲喂器具消毒	1. 避免与强还原剂及酸性物质接触。注意防爆 2. 本品浓度为0.01%时对铜、铝有轻度腐蚀性，对碳钢中度腐蚀 3. 现配现用
			1:（200~1 700）稀释	饮水消毒	
	溴氯海因粉	具有广谱杀菌作用，对细菌繁殖体和芽孢、真菌和病毒均有杀灭作用，用于圈舍、运输工具等的消毒	以本品计，细菌繁殖体按1 ：1 333稀释，口蹄疫按1 ：333稀释	喷洒、擦洗或浸泡，环境或运载工具消毒	1. 本品对炭疽芽孢无效 2. 禁用金属容器盛放
	碘酊[典]	用于术前和注射前皮肤消毒和术野消毒	含碘2%，碘化钾1.5%，加水适量，以50%乙醇配制成2%碘酊	外用：涂擦皮肤	1. 对碘过敏的动物禁用 2. 禁与含汞化合物配伍 3. 必须涂于干的皮肤上，如涂于湿皮肤上不仅杀菌效力会降低，且易引起发泡和皮炎 4. 配制碘液时，若碘化物过量加入，可使游离碘变为碘化物，从而导致碘失去杀菌作用。配制的碘溶液应存放在密闭容器内

续表

<table>
<tr><th>类别</th><th>药物制剂</th><th>适应证</th><th>剂量</th><th>用法</th><th>不良反应及注意事项</th></tr>
<tr><td rowspan="7">卤素类</td><td>碘甘油[典]</td><td>用于黏膜表面消毒，治疗口腔、舌、齿龈、阴道等黏膜炎症与溃疡</td><td>含碘 1%，碘化钾 1%，加甘油适量配制而成</td><td>涂擦皮肤、黏膜</td><td rowspan="7">5. 若存放时间过久，颜色变淡，应测定碘含量，并将碘浓度补足后再使用
6. 碘可着色，沾有碘液的天然纤维织物不易洗除
7. 长时间浸泡金属器械有腐蚀性
8. 动物皮肤消毒常用 5% 碘酊</td></tr>
<tr><td>碘附</td><td>用于手术部位和手术器械的消毒及厩舍、饲喂器具的消毒</td><td>0.5%~1.0% 溶液</td><td>喷洒、冲洗、浸泡，手术部位和手术器械消毒</td></tr>
<tr><td rowspan="5">碘酸混合溶液</td><td rowspan="5">用于圈舍、肉品加工场所、用具及饮水的消毒</td><td>配成 0.66%~2.00% 溶液</td><td>病毒消毒</td></tr>
<tr><td>配成 0.33%~0.50% 溶液</td><td>圈舍及用具消毒</td></tr>
<tr><td>配成 0.13% 溶液</td><td>牧草消毒</td></tr>
<tr><td>配成 0.66% 溶液</td><td>手术室及伤口消毒</td></tr>
<tr><td>配成 0.08% 溶液</td><td>饮水消毒</td></tr>
</table>

续表

类别	药物制剂	适应证	剂量	用法	不良反应及注意事项
卤素类	激活碘粉[典]	用于奶牛乳头皮肤消毒。对金黄色葡萄球菌、大肠杆菌、链球菌等病原微生物具有杀灭和抑制作用，预防和控制细菌性乳腺炎的发生	1 L 水加本品 30 g	外用：奶牛乳头药浴。将本品一次性全部加入规定体积(如每 600 g 加水 20 kg)的水中，充分搅拌使溶解，静置 40 min 后使用，溶液有效期为 20 d	同此列上
	聚维酮碘溶液[典]	对细菌、病毒和真菌均有良好的杀灭作用，常用于手术术野、皮肤和黏膜的消毒	以聚维酮碘计，配成 5% 溶液	皮肤消毒及治疗皮肤病	1. 当溶液变为无色或淡黄色即失去消毒活性 2. 勿用金属容器盛装 3. 勿与强碱类物质及重金属物质混用
			以聚维酮碘计，配成 0.5%~1.0% 溶液	奶牛乳头浸泡	
			以聚维酮碘计，配成 0.1% 溶液	黏膜及创面冲洗	

续表

类别	药物制剂	适应证	剂量	用法	不良反应及注意事项
卤素类	蛋氨酸碘溶液	用于厩舍消毒	取本品 500~2 000 倍稀释	喷洒	勿与维生素 C 等强还原剂同时使用
氧化剂类	过氧化氢溶液（双氧水）[典]	用于皮肤、黏膜、创面、瘘管的清洗	3%，适量	清洗伤口	1. 禁与有机物、碱、生物碱、碘化物、高锰酸钾或其他强氧化剂联合使用 2. 不能注入胸腔、腹腔等密闭体腔或腔道、气体不易逸散的深部脓疡，以免产气过速，导致栓塞或扩大感染
	过硫酸氢钾复合物粉	用于圈舍、空气和饮水等的消毒	1 ：200 倍稀释	圈舍环境、饮水设备、空气消毒、脚踏盆消毒，浸泡、喷雾	1. 不得与碱类物质混存或合并使用 2. 产品用尽后，包装应集中处理 3. 现用现配
			1 : 1 000 倍稀释	饮用水消毒	
			1 ：400 倍稀释	用于大肠杆菌、金黄色葡萄球菌	
			1 ：800 倍稀释	用于链球菌	
			1 : 1 000 倍稀释	用于病毒	

续表

类别	药物制剂	适应证	剂量	用法	不良反应及注意事项
氧化剂类	过氧乙酸溶液	用于圈舍、用具（食槽、水槽）、场地及舍内空气的消毒，也可用于饲养人员手臂消毒	以本品计，1：（200~400）倍稀释喷雾；5~15 mL/m^3 熏蒸	圈舍喷雾/熏蒸消毒	1. 使用前将 A、B 液混合反应 10 h 生产过氧乙酸消毒液 2. 本品腐蚀性强，操作时戴上防护手套 3. 稀释时避免使用金属器具 4. 稀释液易分解，宜现用现配 5. 配好的溶液应低温、避光、密闭保存，置玻璃瓶内或硬质塑料瓶内 6. 室温低于 15 ℃时 A 液结冰，用温水融化即可使用
			1：500 倍稀释	器具等浸泡消毒	
			每 10 L 水加本品 1 mL	饮水消毒	
酸类	醋酸（乙酸）[典]	对细菌繁殖体作用最强，依次为真菌、病毒、结核分枝杆菌及芽孢，用于圈舍空气消毒	36%~37% 醋酸，每 100 m^3 20~40 mL（加 5~10 倍水稀释）	空气消毒，溶液加热蒸发	1. 避免与眼睛接触，若不慎接触，立即用清水冲洗 2. 避免接触金属器械，以免产生腐蚀作用 3. 禁与碱性药物配伍
			2%~3% 溶液	口腔冲洗	
	硼砂[典]	用作黏膜和腔道炎症创面的冲洗	配成 2%~4% 溶液	外用：冲洗皮肤黏膜	1. 刺激性很小，毒性较低 2. 本品作用微弱，只能用作防腐药
	硼酸[典]	洗眼或冲洗黏膜		外用：洗眼或冲洗黏膜	外用一般毒性不大，但不适用于大面积创伤和新生肉芽组织的冲洗，以避免吸收后蓄积中毒

续表

类别	药物制剂	适应证	剂量	用法	不良反应及注意事项
碱类	氢氧化钠	用于畜舍、车辆等的消毒，也用于牛新生角的腐蚀	1%~2% 热溶液	消毒	1. 对组织有强腐蚀性，能损坏织物和铝制品 2. 注意人员防护
			50% 溶液	新生牛角腐蚀	
染料类	0.1% 乳酸依沙吖啶（利凡诺、雷夫奴尔）溶液[典]	本品的特点为穿透力强，对组织无刺激，毒性低。但抗菌作用产生较慢，药物可牢固地吸附在黏膜和创面上，作用可持续 1 d。当遇有机物存在时，活性增强。用于创面、黏膜消毒	适量	涂于患处	1. 溶液在光照下可分解生成剧毒产物，若肉眼观察本品变为褐绿色，则证实已分解，不可再用 2. 当溶液中氯化钠浓度高于 0.5% 时，本品可从溶液中析出；遇碱和碘液也易析出沉淀 3. 长期使用可能会延缓伤口愈合
其他	鱼石脂软膏[典]	外用消炎	10%	涂敷患处	无须制定
	氧化锌软膏[典]	具有收敛和抗菌的作用，用于皮炎和湿疹等的治疗	适量	患处涂敷	无须制定

注：消毒防腐药均无须制定休药期和弃奶期。

三、抗寄生虫药

类别	药物制剂	适应证	剂量	用法	休药期 / 弃奶期	不良反应及注意事项
抗线虫药	盐酸左旋咪唑（左咪唑）注射液[典]	广谱、高效、低毒驱线虫药。主要用于驱除胃肠道、肺和肾的线虫。另外，本品低剂量可显著提高动物的免疫力（如可增加布鲁氏菌疫苗的免疫效果）	7.5 mg/kg	口服、皮下注射或肌内注射	14 d/ 无须制定	1. 注射给药偶发中毒死亡事故。除治疗肺线虫病外，一般宜口服给药 2. 牛用本品可出现副交感神经兴奋症状，口鼻出现泡沫或流涎，兴奋或颤抖，舔唇和摇头等不良反应；症状一般在 2 h 内减退；注射部位发生肿胀，通常在 7~14 d 内减轻。 3. 具有烟碱样作用的药物 [如噻嘧啶、甲噻嘧啶（莫仑太尔）、乙胺嗪]，胆碱酯酶抑制剂（如有机磷、新斯的明）等可增加本品毒性。中毒时可试用阿托品解毒 4. 动物极度虚弱或有明显肝损伤时，牛因免疫、去角、阉割等应激时，应慎用或推迟使用 5. 泌乳期禁用，禁止静脉注射
	盐酸左旋咪唑片[典]				2 d/ 无须制定	

续表

类别	药物制剂	适应证	剂量	用法	休药期/弃奶期	不良反应及注意事项
抗线虫药	阿苯达唑(丙硫苯咪唑)片/粉[典]	广谱、高效、低毒的抗蠕虫药，用于防治线虫病、肝片吸虫病和绦虫病等。本表中从阿苯达唑到奥芬达唑均属苯并咪唑类驱虫药	10~15 mg/kg	口服	14 d/60 h	1. 有胚胎毒和致畸作用，动物妊娠前期（如妊娠的前 45 d 内）禁用 2. 泌乳期禁用 3. 长期连续应用易致耐药虫株的产生
	阿苯达唑混悬液					
	阿苯达唑硝氯酚片	用于防治吸虫病、绦虫病和线虫病	以阿苯达唑计，10~15 mg/kg		28 d/无须制定	1. 动物中毒时可选用安钠咖、毒毛花苷 K、维生素 C 解毒 2. 禁用钙剂静脉注射解毒 3. 有胚胎毒和致畸作用，妊娠期的前 45 d 禁用，泌乳期禁用
	阿苯达唑伊维菌素片	用于驱除或杀灭吸虫、绦虫、线虫及螨虫等体内外寄生虫	以伊维菌素计，0.3 mg/kg		35 d/无须制定	1. 泌乳期禁用 2. 有致畸作用和胚胎毒性，妊娠期的前 45 d 禁用 3. 对鱼、虾有剧毒，不要污染水源

续表

类别	药物制剂	适应证	剂量	用法	休药期 / 弃奶期	不良反应及注意事项
抗线虫药	芬苯达唑(硫苯咪唑、苯硫苯咪唑)片[典]	抗虫谱不及阿苯达唑广，但作用略强，有很强的杀虫卵作用。适口性好，毒性低，可用于防治虚弱动物。用于线虫病和绦虫病	5.0~7.5 mg/kg	口服	21 d/7 d	1. 死亡寄生虫释放抗原可引起过敏反应，特别是高剂量时，应予注意，可用糖皮质激素类药物缓解此反应 2. 有胚胎毒和致畸作用，妊娠期的前 45 d 禁用，泌乳期禁用
	芬苯达唑粉[典]				14 d/5 d	
	芬苯达唑伊维菌素片	用于防治线虫、绦虫和螨虫感染	以芬苯达唑计，5.0~7.5 mg/kg		35 d/ 无须制定	1. 有胚胎毒和致畸作用，妊娠期的前 45 d 禁用，泌乳期禁用 2. 对鱼、虾有剧毒，不要污染水源
	奥芬达唑(磺苯咪唑、亚砜苯咪唑)片[典]	作用同芬苯达唑，但活性更强。对消化道线虫和幼虫有显著疗效，对肺线虫的作用更强。用于防治线虫病和绦虫病	5.0 mg/kg		7 d/ 无须制定	1. 泌乳期禁用，有胚胎毒和致畸作用，妊娠期的前 45 d 禁用 2. 虫体可产生耐药，可与其他苯并咪唑类产生交叉耐药 3. 由于死亡的寄生虫释放抗原，可继发产生过敏性反应，特别是在高剂量时
	奥芬达唑颗粒		5.0~7.5 mg/kg			
	枸橼酸乙胺嗪(海群生)片[典]	对网尾线虫成虫和幼虫、圆线虫有效，用于肺线虫病防治防治	20 mg/kg		28 d/7 d	与具有烟碱样作用的药物（有机磷、噻嘧啶、左旋咪唑等）合用，可使彼此毒性加强

续表

类别	药物制剂	适应证	剂量	用法	休药期 / 弃奶期	不良反应及注意事项
抗线虫药	枸橼酸哌嗪（驱蛔灵）片	对线虫产生箭毒样作用，另干扰虫体能量代谢。对成虫敏感，对未成熟虫体活性差。用于驱除消化道线虫（食道口线虫）	250 mg/kg	口服	28 d/ 未制定	1. 肝肾疾病、胃肠道蠕动减弱、严重心脏病、发热病例暂缓用药；妊娠期及有严重溃疡的动物慎用 2. 不宜与泻药同用；与氯丙嗪合用可引起癫痫发作 3. 大剂量口服可引起腹泻、共济失调
	伊维菌素（灭虫丁、害获灭）注射液[典]	大环内酯类抗生素驱虫药。用于防治胃肠道线虫、肺线虫和蜱、螨、虱、蚤等外寄生虫。本品对吸虫和绦虫无效	0.2 mg/kg	皮下注射	35 d/ 无须制定	1. 本品超剂量应用会中毒，应严格按推荐剂量用药 2. 肌内注射局部反应较重，且肌内注射和静脉注射易引起中毒。每个皮下注射点不可超过 10 mL 3. 泌乳期禁用 4. 伊维菌素对虾、鱼及水生生物有剧毒，残存药液及药物包装不可污染水源 5. 与乙胺嗪同时使用可引起严重的致死性脑病 6. 含甘油缩甲醛和丙二醇的伊维菌素注射剂，仅适用于牛、羊、猪和驯鹿 7. 用于治疗牛皮蝇蚴病时，如杀死的幼虫在重要部位，则会引起严重的不良反应

续表

类别	药物制剂	适应证	剂量	用法	休药期 / 弃奶期	不良反应及注意事项
抗线虫药	乙酰氨基阿维菌素注射液[典]	主要用于治疗牛体内线虫和虱、螨、蜱、蝇、蛆等外寄生虫病	0.2 mg/kg	皮下注射	1 d/24 h	1. 本品对光线敏感，易失效，注意贮存条件 2. 泌乳期禁用 3. 对鱼、虾剧毒，不可污染水源 4. 仅限于皮下注射，且每个注射点不可超过10 mL，不得作肌内或静脉注射 5. 与乙胺嗪同用可引起严重的致死性脑病 6. 阿维菌素的毒性较伊维菌素稍强，应予注意 7. 操作者使用本品后应洗手
	阿维菌素透皮溶液	用于治疗家畜线虫病、螨病和寄生性昆虫病	以本品计，0.1 mL/kg	浇注或涂擦，由肩部向后沿背中线浇注	42 d/ 无须制定	1. 泌乳期禁用 2. 本品毒性强，慎用，对虾、鱼及水生生物有剧毒，残存药物的包装品切勿污染水源 3. 本品性质不稳定，特别对光敏感，可迅速氧化灭活，应注意贮存和使用条件

续表

类别	药物制剂	适应证	剂量	用法	休药期 / 弃奶期	不良反应及注意事项
抗绦虫药	吡喹酮粉 / 片[典]	广谱驱绦虫和抗血吸虫药。对绦虫的成虫和未成熟虫体有效，还可杀灭绦虫蚴。对人、畜的多种血吸虫病也有效。主要用于动物血吸虫病的防治，也用于绦虫病和囊尾蚴病的防治	10~35 mg/kg	口服	28 d/7 d	1. 绦虫蚴宜选择大剂量，并连用 3~5 d，然后停药 2~3 d 为 1 个疗程，通常需要给药 2~3 个疗程 2. 与阿苯达唑、地塞米松合用时，可降低吡喹酮的血药浓度 3. 高剂量时，牛偶见血清谷丙转氨酶轻度升高，部分牛会出现体温升高、肌肉震颤、臌气等不良反应
	氯硝柳胺（灭绦灵、血防－67）片[典]	高效低毒灭绦虫药，对绦虫、部分吸虫及其幼虫、中间宿主钉螺等有驱杀作用。与左旋咪唑合用，治疗犊牛线虫和绦虫混合感染	40~60 mg/kg		28 d/ 未制定	1. 动物给药前应禁食 12 h 2. 对鱼类毒性很强，不可污染水源
	硝氯酚片[典]	阻断虫体能量代谢，可杀灭片形吸虫成虫，增加剂量后对片形吸虫幼虫亦有效，但不安全	3~7 mg/kg		28 d/ 无须制定	1. 治疗剂量安全，但过量可引起中毒，出现发热、呼吸急促、窒息等症状，持续 2~3 d，偶有死亡，可根据症状选用尼可刹米、毒毛花苷 K 或维生素 C 等对症治疗 2. 中毒时，禁用钙制剂静脉注射 3. 泌乳动物禁用硝氯酚伊维菌素片

续表

类别	药物制剂	适应证	剂量	用法	休药期 / 弃奶期	不良反应及注意事项
抗绦虫药	硝氯酚伊维菌素片	用于驱杀线虫、吸虫、绦虫和外寄生虫	以硝氯酚计，3 mg/kg	口服	35 d/ 无须制定	参见硝氯酚和伊维菌素
	三氯苯达唑（肝蛭净、三氯苯唑）片 / 颗粒	抗片形吸虫专用药，对各日龄的片形吸虫均有驱杀作用，对童虫很敏感，是理想的杀片形吸虫药	12 mg/kg	口服，治疗急性肝片吸虫病时，5 周后应重复给药 1 次	56 d/ 无须制定	1. 与左旋咪唑合用安全有效 2. 泌乳期禁用 3. 对鱼类毒性大，残留药物及容器不可污染水源 4. 可引起过敏，使用操作者应避免皮肤直接接触和吸入药物
	氯氰碘柳胺钠注射液[典]	用于防治牛肝片吸虫病、胃肠道线虫病	2.5~5.0 mg/kg	皮下注射或肌内注射	28 d/28 d	1. 可与苯并咪唑类合用，也可与左旋咪唑合用 2. 注射剂对局部组织有一定的刺激性
	阿维菌素氯氰碘柳胺钠片	用于驱除体内吸虫、线虫和体外寄生虫（如螨、虱、蚤等）	以氯氰碘柳胺钠计，5 mg/kg	口服	35 d/ 无须制定	1. 泌乳期禁用 2. 使用本品后，粪便中含有伊维菌素，对降解厩粪的益虫有害 3. 阿维菌素对鱼、虾等有剧毒，残留药物及容器不可污染水源 4. 用于治疗蝇蛆蚴病时可引起严重不良反应，如在成蝇侵袭季节和蝇蚴移行季节立即治疗，则可避免

续表

类别	药物制剂	适应证	剂量	用法	休药期 / 弃奶期	不良反应及注意事项
抗绦虫药	碘醚柳胺混悬液 / 片[典]	可杀灭片形吸虫成虫，对未成熟虫体也有很高的活性，对部分线虫亦有效。与阿苯达唑合用治疗吸虫病和线虫病，并不改变两药的安全指数	7~12 mg/kg	口服	60 d/ 无须制定	1. 泌乳期禁用 2. 不可超量使用
抗球虫药	托曲珠利混悬液	用于预防犊牛球虫病	犊牛 15 mg/kg	口服	63 d/ 无须制定	1. 用前摇匀 2. 勿用于体重超过 80 kg 的牛和育肥牛 3. 建议同栏犊牛同时全部给药 4. 对腹泻牛要对症治疗 5. 放置于儿童不可触及处，使用操作者应注意个人防护

续表

类别	药物制剂	适应证	剂量	用法	休药期 / 弃奶期	不良反应及注意事项
抗锥虫和血孢子虫药	注射用三氮脒（贝尼尔）[典]	新型抗梨形虫药。对家畜血孢子虫病和锥虫病均有治疗效果，预防作用较差	3~5 mg/kg	肌内注射，每天1次，连用2 d，临用前用注射用水或生理盐水配成5%~7%溶液，进行深部肌内注射	28 d/7 d	1. 本品安全范围较小，不可随意增加剂量。治疗量有时也会出现一些副作用，但短时间内能自行恢复 2. 可连用，但须间隔 24 h，不得超过 3 次 3. 局部肌内注射有刺激性，可引起肿胀，应分点深层肌内注射 4. 可引起副交感神经兴奋样反应，如不安、频繁排尿、肌肉震颤等
	注射用喹嘧胺[典]	用于防治家畜锥虫病	4~5 mg/kg	皮下注射或肌内注射，临用前配成10%水悬液。		1. 肌内或皮下注射时可引起注射部位肿胀或出现硬结 2. 反应严重的患畜可肌内注射阿托品缓解症状

续表

类别	药物制剂	适应证	剂量	用法	休药期/弃奶期	不良反应及注意事项
杀虫药	二嗪农（螨净）溶液	有机磷杀虫剂，外用具有极佳的杀虱、杀蜱及杀螨作用，亦杀蚊、蝇。临床上主要用于驱杀家畜体表的疥螨、痒螨、蜱和虱等	以二嗪农计，650 mg/L 浓度	喷淋与药浴	14 d/72 h	1. 须精确计算药量，动物全身浸泡 1 min 为宜，为提高疥癣病治疗效果，可用软刷助洗 2. 中毒时可用阿托品解毒，禁用氯解磷定和碘解磷定 3. 禁与有机磷类及胆碱酯酶抑制剂合用
	蝇毒磷溶液	有机磷杀虫剂。对蚊、蝇、蛆、螨、虱、蜱、臭虫等有杀灭作用。用于杀灭体外寄生虫	以蝇毒磷计，配成 0.02%~0.05% 乳剂	外用：喷淋	28 d/未制定	1. 禁止与其他有机磷或胆碱酯酶抑制剂合用，中毒可选用阿托品和解磷定解毒 2. 严重感染的牛，喷淋时可辅以人工擦洗，数日后再用一次，以保证效果 3. 其他注意事项参见二嗪农 4. 家禽和鱼对本品敏感，应予注意
	精制马拉硫磷溶液	有机磷杀虫剂，具有广谱、低毒、使用安全的特点。对蚊、蝇、蛆、螨、虱、蜱、臭虫等有杀灭作用。用于杀灭体外寄生虫	以马拉硫磷计，配成 0.2%~0.3% 的溶液	药浴或体表喷淋		1. 本品不可与碱性物质或氧化物质接触 2. 本品对眼睛、皮肤有刺激性；对蜜蜂有剧毒，对鱼类毒性也较大。畜禽中毒时可用阿托品解毒，碘解磷定效差 3. 禁用于 1 月龄以内的动物 4. 家畜体表用马拉硫磷后数小时内应避日光照射和风吹；必要时隔 2~3 周可再药浴或喷雾 1 次

续表

类别	药物制剂	适应证	剂量	用法	休药期/弃奶期	不良反应及注意事项
杀虫药	氰戊菊酯（速灭菊酯）溶液	以触杀为主，兼胃毒作用，具有击倒作用快、持效期长等特点，对蚊、蝇、蜱、螨、虱、蚤、虻等寄生虫均有杀灭作用	以氰戊菊酯计，配成0.02%~0.04%水溶液	喷淋	28 d/ 未制定	1. 本品可用温水（12 ℃为宜，不要超过25℃）稀释，切不可用50 ℃以上热水或碱性水稀释，以防药物分解失效 2. 使用时不可污染河流、池塘、桑园、养蜂场所等 3. 因持效期长，通常用药一次即可杀死陆续孵化出的幼虫，无需重复用药
	双甲脒溶液[典]	对外寄生虫各阶段虫体均有极佳的杀灭效果。产生作用慢，但持效期可达6~8周。主要用于杀螨，亦用于杀灭蜱、虱等外寄生虫	以双甲脒计，配成0.025%~0.050%乳液	药浴、喷淋或涂搽	21 d/48 h	1. 对皮肤、黏膜、眼睛刺激性大，操作者使用时需注意 3. 对鱼类有剧毒，药液勿污染鱼塘、河流 3. 泌乳期禁用

四、中枢神经系统药物

类别	药物制剂	适应证	剂量	用法	休药期 / 弃奶期	不良反应及注意事项
中枢兴奋药	尼可刹米注射液[典]	用于解救呼吸中枢抑制	2.5~5.0 g/ 次	静脉注射、肌内注射或皮下注射	无须制定	1. 本品剂量过大可引起血压升高、出汗、心律失常，震颤、肌肉强直及惊厥，静脉注射速度不宜过快 2. 如出现惊厥，应及时静脉注射地西泮或小剂量硫喷妥钠 3. 兴奋作用之后，常出现中枢抑制现象
	硝酸士的宁注射液[典]	用于脊髓性不全麻痹	15~30 mg/ 次	皮下注射		1. 本品排泄缓慢，长期应用易蓄积中毒，故使用时间不宜太长，反复给药应酌情减量 2. 因过量出现惊厥时应保持动物安静，避免外界刺激，并迅速肌内注射苯巴比妥钠等进行解救 3. 孕畜及中枢神经系统兴奋症状的患畜禁用 4. 肝肾功能不全、癫痫及破伤风患畜禁用
	樟脑磺酸钠注射液	用于心脏衰竭、呼吸抑制等的辅助治疗	1~2 g/ 次	静脉注射、肌内注射或皮下注射		1. 如出现结晶时，可加温溶解后使用 2. 家畜宰前不宜使用 3. 过量中毒时可静脉注射水合氯醛、硫酸镁和 10% 葡萄糖注射液解救

续表

类别	药物制剂	适应证	剂量	用法	休药期/弃奶期	不良反应及注意事项
镇静药与抗惊厥药	盐酸氯丙嗪注射液[典]	用于强化麻醉以及使动物安静等	0.5~1.0 mg/kg	肌内注射	28 d/7 d	1. 静脉注射前应进行稀释，注射速度宜慢 2. 不可与 pH 值 5.8 以上的药液配伍 [如青霉素钠（钾）、苯巴比妥钠和碳酸氢钠等] 3. 过量引起的低血压禁用肾上腺素解救，但可选用去甲肾上腺素 4. 有黄疸、肝炎和肾炎的患畜及年老体弱牛慎用 5. 本品常导致患畜兴奋不安，易发生意外，应注意
	地西泮注射液[典]	用于狂躁动物的安静与保定，用于肌肉痉挛、癫痫及惊厥等		肌内注射或静脉注射	28 d/ 未制定	1. 禁止用作食品动物的促生长剂 2. 静脉注射宜缓慢，以防造成心血管和呼吸抑制 3. 肝肾功能障碍患畜慎用，孕畜忌用 4. 本品能增强其他中枢抑制药的作用，若同时使用应注意调整剂量，如与镇痛药盐酸哌替啶合用时，应将后者的剂量减少 1/3

续表

类别	药物制剂	适应证	剂量	用法	休药期/弃奶期	不良反应及注意事项
镇静药与抗惊厥药	硫酸镁注射液[典]	用于破伤风及其他痉挛性疾病	10~25 g/次	肌内注射或静脉注射	无须制定	1. 静脉注射宜缓慢，遇有呼吸麻痹等中毒现象时，应立即静脉注射钙剂解救 2. 肾功能不全、严重心血管疾病、呼吸系统疾病的患畜慎用或不用 3. 与硫酸黏菌素、硫酸链霉素、葡萄糖酸钙、盐酸普鲁卡因、四环素类、青霉素等药物存在配伍禁忌
麻醉性镇痛药	盐酸哌替啶注射液	用于缓解创伤性疼痛和某些内脏疾患的剧痛	2~4 mg/kg	皮下注射或肌内注射	无须制定	1 禁用于患有支气管哮喘、肺源性心脏病和严重肝功能减退的患畜 2. 不宜用于妊娠动物及产科手术 3. 对注射部位有较强刺激性 4. 过量中毒时，除用纳洛酮对抗呼吸抑制外，尚需配合使用巴比妥类药物以对抗惊厥

续表

类别	药物制剂	适应证	剂量	用法	休药期/弃奶期	不良反应及注意事项
全身麻醉药	注射用硫喷妥钠[典]	主要用于诱导麻醉和基础麻醉	10~15 mg/kg	静脉注射，临用前用注射用水或生理盐水配制成2.5%溶液	无须制定	1. 药液只供静脉注射，对巴比妥类药物有过敏史和心血管疾病患畜禁用 2. 肝、肾功能障碍，重病、衰弱、休克、腹部手术、支气管哮喘（可引起喉头痉挛、支气管水肿）等情况下禁用 3. 刺激性大，不可漏出血管外；快速静脉注射会引起明显的血管扩张和高血糖 4. 反刍动物麻醉前注射阿托品，可减少腺体分泌 5. 因本品可引起溶血，因此不得使用浓度小于2%的注射液 6. 本品过量引起的呼吸与循环抑制，除采用支持性呼吸疗法和心血管支持药物（禁用肾上腺素类药物）外，还可用戊四氮等呼吸中枢兴奋药解救
	盐酸氯胺酮注射液[典]	用于全身麻醉及化学保定	2~3 mg/kg	静脉注射		1. 怀孕后期动物禁用 2. 对咽喉或支气管的手术或操作，不宜单用本品，必须合用肌肉松弛剂 3. 反刍动物应用时，麻醉前常须禁食12~24 h，并给予小剂量阿托品抑制腺体分泌；应用时，常与赛拉嗪配合使用

续表

类别	药物制剂	适应证	剂量	用法	休药期/弃奶期	不良反应及注意事项
化学保定药	盐酸赛拉嗪（隆朋）注射液[典]	镇痛性化学保定药，主要用于化学保定及基础麻醉	0.1~0.3 mg/kg	肌内注射	14 d/ 未制定	1. 用本品前应禁食一定时间，并注射阿托品 2. 牛用本品前应禁食一定时间，并注射阿托品；手术时应采用伏卧姿势，并将头放低，以防异物性肺炎及减轻瘤胃胀气时压迫心肺 3. 妊娠后期牛不宜应用，泌乳动物禁用 4. 呼吸抑制、心脏病、肾功能不全患畜慎用 5. 中毒时，可用 α_2 受体阻断药及阿托品等解救
	盐酸赛拉唑（静松灵）注射液[典]	镇痛性化学保定药，主要用于化学保定，也可用于基础麻醉	0.2~0.6 mg/kg		28 d/7 d	
	氯化琥珀胆碱注射液[典]	肌松性化学保定药，用于动物的化学保定和外科辅助麻醉	0.010~0.016 mg/kg		无须制定	1. 反刍动物对本品敏感，用药前应停食半日，以防影响呼吸或造成异物性肺炎，用药前可注射阿托品以制止唾液腺和支气管腺的分泌 2. 用药过程中如发现呼吸抑制或停止时，应立即将舌拉出，施以人工呼吸或输氧，同时静脉注射尼可刹米，但不可应用新斯的明解救 3. 年老体弱、营养不良及妊娠动物忌用。高血钾、心肺疾患、电解质紊乱和使用抗胆碱酯酶药时慎用

五、外周神经系统药物

类别	药物制剂	适应证	剂量	用法	休药期 / 弃奶期	不良反应及注意事项
拟胆碱药	氯化氨甲酰甲胆碱注射液[典]	主要用于胃肠弛缓（包括前胃弛缓），也用于膀胱积尿、胎衣不下和子宫蓄脓等	0.05~0.10 mg/kg	皮下注射	无须制定	1. 本品仅供皮下注射，切勿静脉注射 2. 患有肠道完全阻塞或创伤性网胃炎的动物及孕畜禁用 3. 过量中毒时可用阿托品解救
	甲硫酸新斯的明注射液[典]	抗胆碱酯酶药，用于胃肠弛缓、重症肌无力和胎衣不下等	4~20 mg/ 次	肌内注射或皮下注射		1. 机械性肠梗阻或支气管哮喘的患畜禁用 2. 过量中毒可引起出汗、心动过缓、肌肉震颤，可用阿托品对抗 M– 胆碱受体的兴奋作用 3. 本品可延长和加强去极化型肌松药氯化琥珀胆碱的肌肉松弛作用；与非去极化型肌松药有拮抗作用

续表

类别	药物制剂	适应证	剂量	用法	休药期/弃奶期	不良反应及注意事项
抗胆碱药	硫酸阿托品注射液典	用于解除消化道平滑肌痉挛、分泌增多和麻醉前给药等，也可用于有机磷和拟胆碱药中毒	麻醉前给药：0.02~0.05 mg/kg 解救有机磷酸酯类中毒：0.5~1.0 mg/kg	肌内注射、皮下注射或静脉注射	无须制定	1. 可增强噻嗪类利尿药、拟肾上腺素药物的作用 2. 可加重双甲脒的某些毒性症状，引起肠蠕动的进一步抑制 3. 肠梗阻和尿潴留患畜禁用 4. 中毒解救时宜采用对症性支持疗法，极度兴奋时可试用毒扁豆碱、短效巴比妥类、水合氯醛等药物对抗，禁用吩噻嗪类药物如氯丙嗪治疗 5. 在麻醉前给药或治疗消化道疾病时，易致肠臌胀、瘤胃臌胀和便秘等 6. 中毒症状为口干、瞳孔扩大、脉搏快而弱、兴奋不安和肌肉震颤等，严重时则出现昏迷、呼吸浅表，甚至窒息死亡
	氢溴酸东莨菪碱注射液典	用于解除胃肠道平滑肌痉挛、抑制腺体分泌、散大瞳孔和解除动物兴奋不安等	1~3 mg/次	皮下注射		1. 用药后可出现胃肠蠕动减弱、腹胀、便秘、尿潴留或心动过速等不良反应 2. 心律失常或慢性支气管炎的患畜慎用

续表

类别	药物制剂	适应证	剂量	用法	休药期 / 弃奶期	不良反应及注意事项
拟肾上腺素药	重酒石酸去甲肾上腺素注射液[典]	用于外周循环衰竭休克时的早期急救	8~12 mg/ 次	静脉注射，应用浓度为每 100 mL 含0.4~0.8 mg，现用现配	无须制定	1. 因静脉注射药物后在体内迅速被组织摄取，作用仅维持几分钟，故应采用静脉滴注，以维持有效血药浓度 2. 限用于休克早期的应急抢救，并在短时间内小剂量静脉滴注。若长期大剂量应用可导致血管持续地强烈收缩，加重组织缺血、缺氧，使休克的微循环障碍恶化 3. 静脉滴注时严防药液外漏，以免引起局部组织坏死 4. 出血性休克、器质性心脏病、少尿、无尿及严重微循环障碍患畜禁用
	盐酸肾上腺素注射液[典]	用于心搏骤停的急救；缓解严重过敏性疾患的症状；亦常与局部麻醉药配伍，以延长局部麻醉持续时间	2~5 mL/ 次	皮下注射		1. 可诱发兴奋、不安、颤抖、呕吐、高血压（过量）、心律失常等 2. 局部重复注射可引起注射部位组织坏死 3. 本品如变色即不得使用 4. 与全麻药（如水合氯醛）合用时，易发生心室颤动。亦不能与洋地黄、钙剂合用 5. 器质性心脏疾患、外伤性及出血性休克等患畜慎用
			1~3 mL/ 次	静脉注射		

六、解热镇痛抗炎药

类别	药物制剂	适应证	剂量	用法	休药期 / 弃奶期	不良反应及注意事项
解热镇痛抗炎药	阿司匹林片[典]	用于发热性疾患、肌肉痛、关节痛	15~30 g/ 次	口服	无须制定	1. 奶牛泌乳期禁用 2. 胃炎、胃溃疡患畜慎用，与碳酸钙同服，可减少对胃的刺激。不宜空腹投药。发生出血倾向时，可用维生素 K 防治 3. 解热时，动物应多饮水，以利于排汗和降温，否则会因出汗过多而造成水和电解质平衡失调或虚脱 4. 老龄动物、体弱或体温过高的患畜，解热时宜用小剂量，以免大量出汗而引起虚脱 5. 动物发生中毒时，可采取洗胃、导泻、口服碳酸氢钠及静脉注射 5% 葡萄糖和 0.9% 氯化钠等解救

续表

类别	药物制剂	适应证	剂量	用法	休药期 / 弃奶期	不良反应及注意事项
解热镇痛抗炎药	对乙酰氨基酚片[典]	用于发热性疾病、关节炎、肌肉痛和风湿病等的治疗	10~20 g/ 次	口服	无须制定	1. 大剂量可引起肝、肾损害，在给药后 12 h 内使用乙酰半胱氨酸或蛋氨酸可以预防肝损害 2. 肝、肾功能不全的患畜及幼畜慎用
	对乙酰氨基酚注射液[典]		5~10 g/ 次	肌内注射		
	安乃近片[典]		4~12 g/ 次	口服	28 d/7 d	1. 长期应用可引起粒细胞减少 2. 不能与氯丙嗪合用，以免体温剧降 3. 可抑制凝血酶原的合成，加重出血倾向 4. 不宜于穴位注射，尤其不适于关节部位注射，否则可能引起肌肉萎缩和关节机能障碍
	安乃近注射液[典]		3~10 g/ 次	肌内注射		
	安痛定注射液[典]		20~50 mL/ 次	肌内注射或皮下注射		1. 主要成分是安替比林 2. 剂量过大或长期应用，可引起高铁血红蛋白血症、缺氧、发绀、粒细胞减少症等，长期应用时注意定期检查血常规 2. 可使药物代谢加速，降低药效
	复方氨基比林注射液[典]					剂量过大或长期应用，可引起高铁血红蛋白血症、缺氧、发绀、粒细胞减少症等，长期应用时注意定期检查血常规

续表

类别	药物制剂	适应证	剂量	用法	休药期 / 弃奶期	不良反应及注意事项
解热镇痛抗炎药	水杨酸钠注射液	对于风湿性关节炎，用药数小时后关节疼痛明显减轻，肿胀消退，主要用于风湿症	以水杨酸钠计，10~30 g/次	静脉注射	无须制定	1. 因抑制凝血酶原合成而产生出血倾向，有出血倾向的动物禁用，也不可与抗凝药合用 2. 长期大剂量使用可引起耳聋、肾炎等，肾炎及酸中毒患畜禁用 3. 本品仅供静脉注射，不可漏出血管外
	复方水杨酸钠注射液	用于治疗风湿症、关节痛和肌肉痛等	以本品计，100~200 mL/次			
	氟尼辛葡甲胺注射液[典]	用于家畜的发热性炎症性疾病，肌肉痛和软组织痛等	2 mg/kg	肌内注射或静脉注射	10 d/1 d	1. 不得用于胃肠溃疡、胃肠道及其他组织出血、对氟尼辛葡甲胺过敏、心血管疾病、肝肾功能紊乱及脱水的动物 2. 勿与其他非甾体类抗炎药（NSAIDs）同时使用 3. 本品快速注射会引起休克，应注意
	美洛昔康注射液	与抗菌药物合用，辅助治疗呼吸道感染和急性乳腺炎，与口服补液盐合用，辅助治疗犊牛及非泌乳青年牛的腹泻	0.5 mg/kg	静脉注射或皮下注射	15 d/5 d	1. 与适宜的抗菌药物和口服补液盐配合使用 2. 禁用于心、肝、肾功能损伤、有出血倾向及胃肠道溃疡的动物 3. 禁用于对本品过敏的动物 4. 慎用于严重脱水、血容量低、低血压等需要补液的动物，因有潜在的肾毒性风险 5. 禁与糖皮质激素及其他非甾体类抗炎药或抗凝血药合用 6. 对 NSAIDs 过敏的人要避免接触本品 7. 远离儿童

续表

<table>
<tr><th>类别</th><th>药物制剂</th><th>适应证</th><th>剂量</th><th>用法</th><th>休药期 / 弃奶期</th><th>不良反应及注意事项</th></tr>
<tr><td rowspan="7">糖皮质激素类药</td><td>氢化可的松注射液[典]</td><td rowspan="6">用于炎症性、过敏性疾病和牛酮血症等</td><td>200~500 mg/ 次</td><td>静脉注射</td><td rowspan="7">无须制定</td><td rowspan="7">1. 严格掌握适应证，防止滥用
2. 用于严重急性的细菌性感染应与足量有效的抗菌药合用
3. 大剂量可增加钠的重吸收和钾、钙和磷的排除，长期使用可致水肿、骨质疏松等
4. 严重肝功能不良、骨软症、骨折治疗期、创伤修复期、疫苗接种期动物禁用
5. 妊娠后期大剂量使用可引起流产，妊娠早期及后期母畜禁用
6. 长期用药不能突然停药，应逐渐减量，直至停药
7. 长期大量应用可诱发或加重感染及溃疡病
8. 醋酸氢化可的松注射液和醋酸可的松注射液注射前应摇匀</td></tr>
<tr><td rowspan="2">醋酸可的松注射液[典]</td><td>250~750 mg/ 次</td><td>肌内注射</td></tr>
<tr><td>50~250 mg/ 次</td><td>滑囊、腱鞘或关节囊内注射</td></tr>
<tr><td rowspan="2">醋酸氢化可的松注射液[典]</td><td>250~750 mg/ 次</td><td>肌内注射</td></tr>
<tr><td>50~250 mg/ 次</td><td>滑囊、腱鞘或关节囊内注射</td></tr>
<tr><td>醋酸泼尼松片[典]</td><td>100~300 mg/ 次</td><td>口服</td></tr>
<tr><td>醋酸氟轻松乳膏[典]</td><td>用于过敏性皮炎等</td><td>适量</td><td>涂患处</td></tr>
</table>

续表

类别	药物制剂	适应证	剂量	用法	休药期/弃奶期	不良反应及注意事项
糖皮质激素类药	地塞米松磷酸钠注射液[典]	用于炎症性、过敏性疾病和牛酮血症等	5~20 mg/d	肌内注射或静脉注射	21 d/72 h	同此列上
			2~10 mg/次	关节囊内注射		
	醋酸地塞米松片[典]		5~20 mg/次	口服	0 d/未制定	1. 水钠潴留和排钾作用较强 2. 大剂量或长期应用易使肾上腺皮质功能低下 3. 易引起孕畜早产 4. 急性细菌性感染时应与抗菌药物合用 5. 禁用于骨质疏松症和疫苗接种期

七、消化系统药物

类别	药物制剂	适应证	剂量	用法	不良反应及注意事项
健胃与助消化药	胃蛋白酶片[典]	助消化药。用于胃液分泌不足或幼畜因胃蛋白酶缺乏所引起的消化不良	以胃蛋白酶计，成年牛 4 000~8 000 单位 / 次；犊牛 1 600~4 000 单位 / 次	口服	1. 宜同时服用稀盐酸 2. 忌与碱性药物、鞣酸、重金属盐等合用 3. 温度超过 70 ℃时迅速失效；剧烈搅拌可破坏其活性
	稀盐酸溶液[典]	助消化药。用于胃酸缺乏症	以溶液计，15~30 mL/ 次	口服，用时稀释 20 倍以上	1. 禁与碱类、盐类健胃药、有机酸、洋地黄及其制剂合用 2. 用药浓度和剂量不宜过大，否则会因食糜酸度过高，反射性引起幽门括约肌痉挛，影响胃排空，产生腹痛
	干酵母片 / 粉	维生素类药物，用于维生素 B_1 缺乏症及消化不良的辅助治疗	120~150 g/ 次	口服	1. 可拮抗磺胺类药物的抗菌作用，不宜合用 2. 用量过大可发生轻度下泻
	乳酶生片	助消化药。用于消化不良、肠内异常发酵和犊牛腹泻	犊牛 10~30 g/ 次		不宜与抗菌药或吸附药同服

续表

类别	药物制剂	适应证	剂量	用法	不良反应及注意事项
瘤胃兴奋药	浓氯化钠注射液[典]	胃肠平滑肌兴奋药。用于反刍动物前胃弛缓	以氯化钠计，0.1 g/kg（10% NaCl 注射液 1 mL/kg）	静脉注射	1. 静脉注射时不能稀释，静脉注射速度宜慢，且不可漏至血管外，输注过多、过快，可致水钠潴留，引起水肿、血压升高、心率加快 2. 心力衰竭和肾功能不全患畜慎用，肺水肿患畜禁用 3. 对已发生酸中毒的动物，可引起高氯性酸中毒。此时可改用碳酸氢钠和生理盐水
	甲硫酸新斯的明注射液[典]	均属于拟胆碱药，药理作用及适应证等参见外周神经系统药物部分			
制酵药与消沫药	乳酸溶液[典]	制酵药。用于牛急性胃扩张和前胃弛缓	以本品计，5~25 mL/ 次	口服，稀释成 2% 溶液	禁与氧化剂、蛋白质溶液及重金属盐配伍
	鱼石脂[典]	消毒防腐药。用于胃肠道制酵，如瘤胃臌胀、前胃弛缓、胃肠臌气等	以鱼石脂计，10~30 g/ 次	口服，临用时先加倍量乙醇溶解，再用水稀释成 3%~5% 的溶液	禁与酸性药物（如稀盐酸、醋酸、乳酸等）混合使用
	二甲硅油片[典]	消沫药。用于泡沫性臌胀病	3~5 g/ 次	口服	灌服前后宜灌注少量温水，以减少刺激性

续表

类别	药物制剂	适应证	剂量	用法	不良反应及注意事项
泻药	干燥硫酸钠结晶粉	盐类泻药。导泻，用于大肠便秘，排出肠内毒物，或驱虫药的辅助用药	200~500 g/次	灌服,用时配成 3%~4% 水溶液	1. 治疗大肠便秘时，硫酸钠的适宜浓度为 4%~6%，浓度过高的溶液，可从组织中吸取大量水分而脱水 2. 因易继发胃扩张，不适用于小肠便秘的治疗 3. 脱水、肠炎患畜不宜使用 4. 注意补液 5. 在某些情况（如机体脱水、肠炎等）下，镁离子吸收增多会产生毒副作用
	硫酸镁结晶粉[典]	盐类泻药。导泻，用于大肠便秘，排出肠内毒物，或驱虫药的辅助用药	300~800 g/次	口服,用时配成6%~8% 溶液	
	液状石蜡油原液[典]	油类泻药。用于小肠便秘、瘤胃积食、有肠炎的牛及孕牛的便秘	成牛 500~1 500 mL/次 犊牛 60~120 mL/次	口服	1. 导泻时可致肛门瘙痒 2. 不宜多次服用，以免影响消化，妨碍脂溶性维生素及钙、磷的吸收
	氧化镁片/胶囊[典]	具有吸附、轻泻作用，用于胃肠臌气	50~100 g/次		1. 氧化镁与口服抗凝血药合用可减弱抗凝血作用 2. 与四环素类抗生素合用可减少四环素类的吸收而降低抗菌作用
	人工矿泉盐粉	健胃药。小剂量用于消化不良、前胃弛缓和慢性胃肠卡他等；大剂量用于早期大肠便秘	以本品计，50~150 g/次	口服，健胃	1. 禁与酸性药物配伍应用 2. 作泻药用时宜大量饮水
			200~400 g/次	口服，缓泻	

续表

类别	药物制剂	适应证	剂量	用法	不良反应及注意事项
止泻药	碱式硝酸铋片[典]	收敛药。用于胃肠炎和腹泻	成牛 15~30 g/ 次 犊牛 2~4 g/ 次	口服	1. 对由病原菌引起的腹泻，应先用抗菌药控制其感染后再用本品 2. 碱式硝酸铋在肠内溶解后，可形成亚硝酸盐，量大时能被吸收引起中毒
	碱式碳酸铋片[典]				
	药用炭[典]	吸附药，用于生物碱等中毒及腹泻、胃肠臌气等	20~200 g/ 次		1. 能吸附其他药物和影响消化酶活性 2. 用于排出毒物时最好与盐类泻药配合使用
	白陶土粉/混悬液[典]	口服用于腹泻；外用可作敷剂和撒布剂的基质	50~150 g/ 次		能吸附其他药物和影响消化酶活性

注：消化系统药物在牛无须制定休药期和弃奶期。

八、呼吸系统药物

类别	药物制剂	适应证	剂量	用法	不良反应及注意事项
祛痰镇咳药	氯化铵粉/片[典]	祛痰镇咳，主要用于支气管炎初期	10~25 g/次	口服	1. 肝、肾功能异常的患畜口服氯化铵容易引起高氯性酸中毒和血氨升高，应慎用或禁用 2. 忌与碱性药物、重金属盐、磺胺药等配伍应用
	碘化钾粉/片[典]	用于亚急性及慢性支气管炎的祛痰，也用于放线菌病	5~10 g/次		1. 碘化钾在酸性溶液中能析出游离碘 2. 肝、肾功能低下的患畜慎用 3. 因刺激性较强，不适于急性支气管炎
平喘药	氨茶碱注射液[典]	具有松弛支气管平滑肌、扩张血管、利尿等作用。用于喘息型慢性支气管炎，用于缓解气喘症状	1~2 g/次	肌内注射或静脉注射	1. 静脉注射或静脉滴注如用量过大、浓度过高或速度过快，都可强烈兴奋心脏和中枢神经，故需稀释后注射并注重掌握速度和剂量 2. 注射液碱性较强，可引起局部红肿、疼痛，应作深部肌内注射 3. 肝功能低下、心衰患畜慎用 4. 与红霉素、四环素等合用时，可使本品血药浓度升高，甚至出现毒性反应 5. 酸性药物可加快其排泄，碱性药物可延缓其排泄 6. 与儿茶酚胺类及其他拟肾上腺素类药合用，能增加心律失常的发生率

注：呼吸系统药物应用于牛时无须制定休药期和弃奶期。

九、血液循环系统药物

类别	药物制剂	适应证	剂量	用法	不良反应及注意事项
强心药	毒毛花苷 K 注射液[典]	主用于充血性心力衰竭	1.25~3.75 mg/次	静脉注射，用前以 5% 葡萄糖注射液稀释，缓慢注射	1. 心内膜炎患畜禁用 2. 心包炎、急性心肌炎患畜慎用 3. 用药期间禁用钙剂及肾上腺素类药
止血药	亚硫酸氢钠甲萘醌（维生素 K_3）注射液[典]	用于维生素 K 缺乏所致的出血，也可用于缓解急腹症的疼痛	100~300 mg/次	肌内注射	1. 亚硫酸氢钠甲萘醌可损害肝脏，肝功能不良患畜宜改用维生素 K_1 2. 肌内注射部位可出现疼痛、肿胀等 3. 大剂量可导致幼畜产生溶血性贫血及黄疸
	维生素 K_1 注射液[典]	用于维生素 K 缺乏所致的出血	犊牛 1 mg/kg	肌内注射或静脉注射	静脉注射宜缓慢
	酚磺乙胺（止血敏）注射液[典]	用于内出血，鼻出血及手术出血的预防和止血	1.25~2.50 g/次		1. 预防外科手术出血，应在术前 15~30 min 用药 2. 可与其他止血药（如维生素 K）合用
	吸收性明胶海绵[典]	用于创口渗血区止血	适量	贴于出血处，再用干纱布压迫	1. 本品为灭菌制品，使用过程中要求无菌操作，以防污染 2. 包装打开后不宜再消毒，以免延长吸收时间

续表

类别	药物制剂	适应证	剂量	用法	不良反应及注意事项
抗贫血药	硫酸亚铁粉[典]	用于缺铁性贫血	2~10 g/ 次	口服，配成0.2%~1.0%溶液	1. 对胃肠道黏膜有刺激性，大量口服可引起肠坏死、出血，严重时可致休克；禁用于消化道溃疡、肠炎等 2. 铁能与肠道内硫化氢结合生成硫化铁，使硫化氢减少，减少了对肠蠕动的刺激作用，可致便秘，并排黑粪 3. 与稀盐酸合用可提高疗效；维生素 C 有利于铁的吸收；钙剂、磷酸盐类、含鞣酸药物、抗酸药等均可妨碍其吸收；铁剂与四环素类药物互相妨碍吸收
	右旋糖酐铁注射液[典]	主要用于犊牛等幼畜的缺铁性贫血	犊牛 0.2~0.6 g/ 次	肌内注射	1. 肌内注射时可引起局部疼痛，应深部肌内注射 2. 需防冻，久置可发生沉淀
	维生素 B_{12} 注射液[典]	用于维生素 B_{12} 缺乏所致的贫血、幼畜生长迟缓等	1~2 mg/ 次		1. 肌内注射偶可引起皮疹、瘙痒、腹泻以及过敏性哮喘。 2. 在防治巨幼红细胞贫血症时，本品与叶酸配合应用可取得更好的效果

注：血液循环系统药物应用于牛时无须制定休药期和弃奶期。

十、体液补充药与电解质、酸碱平衡调节药

<table>
<tr><th>类别</th><th>药物制剂</th><th>适应证</th><th>剂量</th><th>用法</th><th>不良反应及注意事项</th></tr>
<tr><td rowspan="5">体液补充药</td><td>右旋糖酐 40 葡萄糖注射液[典]</td><td rowspan="2">血容量补充药。主要用于补充和维持血容量，治疗失血、创伤、烧伤及中毒性休克</td><td rowspan="4">500~1 000 mL/ 次</td><td rowspan="5">静脉注射</td><td rowspan="4">1. 静脉注射宜缓慢，用量过大可致出血，如鼻出血、创面渗血、血尿等有出血倾向的患畜禁用
2. 充血性心力衰竭或患肝、肾疾病患畜禁用
3. 出现发热、荨麻疹等过敏反应时，应立即停药，必要时注射马来酸氯苯那敏、苯海拉明或肾上腺素解救
4. 失血量如超过 35% 时应用本品可继发严重贫血，需采用输血疗法
5. 与氨基糖苷类药物（如卡那霉素或庆大霉素）合用可明显增加肾毒性</td></tr>
<tr><td>右旋糖酐 40 氯化钠注射液[典]</td></tr>
<tr><td>右旋糖酐 70 葡萄糖注射液[典]</td><td rowspan="2">右旋糖酐 70 扩充血容量和抗血栓作用比右旋糖酐 40 强，适应证参见右旋糖酐 40 葡萄糖注射液</td></tr>
<tr><td>右旋糖酐 70 氯化钠注射液[典]</td></tr>
<tr><td>葡萄糖注射液[典]</td><td>体液补充药，5% 等渗溶液用于补充营养和水分；10% 高渗溶液用于提高血液渗透压和利尿脱水</td><td>以葡萄糖计，50~250 g/ 次</td><td>1. 长期单纯补给葡萄糖可出现低钾、低钠血症等电解质紊乱
2. 高渗注射液应缓慢注射，以免加重心脏负担，切勿漏出血管外</td></tr>
</table>

续表

类别	药物制剂	适应证	剂量	用法	不良反应及注意事项
体液补充药	葡萄糖氯化钠注射液[典]	用于脱水症，补充体液和调节体内水与电解质的平衡	1 000~3 000 mL/ 次	静脉注射	1. 输注过多、过快，可致水钠潴留，引起水肿、血压升高、心率加快、呼吸困难，甚至急性左心衰竭 2. 低钾血症患畜慎用 3. 易致肝、肾功能不全的患病动物水钠潴留，应注意控制剂量
电解质与酸碱平衡调节药	氯化钠注射液[典]	用于脱水症，补充体液和调节体内水与电解质的平衡	1 000~3 000 mL/ 次	静脉注射	1. 输注或口服过多、过快，可致水钠潴留，引起水肿，血压升高，心率加快 2. 过多、过快给予低渗氯化钠可致溶血、脑水肿等 3. 脑、肾、心脏功能不全及血浆蛋白过低患畜慎用。肺水肿患畜禁用 4. 本品所含氯离子浓度比血浆高，已发生酸中毒动物，如大量应用，可引起高氯性酸中毒，此时可加用碳酸氢钠
	复方氯化钠注射液[典]				
	氯化钾注射液[典]	体液补充药，主要用于低钾血症，亦可用于强心苷中毒引起的阵发性心动过速等	以氯化钾计，2~5 g/ 次	静脉注射时用5%葡萄糖注射液稀释成0.3%以下浓度的溶液	1. 高浓度溶液或快速静脉注射可能会导致心搏骤停 2. 肾功能严重减退或尿少时慎用，无尿或血钾过高时禁用 3. 脱水病例一般先给不含钾的液体，等排尿后再补钾

续表

类别	药物制剂	适应证	剂量	用法	不良反应及注意事项
电解质与酸碱平衡调节药	碳酸氢钠片[典]	酸碱平衡调节药。用于酸血症（酸中毒）、胃肠卡他，也用于碱化尿液	以碳酸氢钠计，30~100 g/次	口服	1. 剂量过大或肾功能不全的患畜可出现水肿、肌肉疼痛等症状 2. 口服时可在胃内产生大量 CO_2，引起胃肠臌气 3. 充血性心力衰竭、肾功能不全和水肿或缺钾等患畜慎用
	碳酸氢钠注射液[典]		以碳酸氢钠计，15~30 g/次	静脉注射	1. 大量静脉注射时可引起代谢性碱中毒、低钾血症，易出现心律失常、肌肉痉挛 2. 剂量过大或肾功能不全的患畜可出现水肿、肌肉疼痛等症状 3. 应避免与酸性药物、复方氯化钠、硫酸镁或盐酸氯丙嗪注射液等混合应用 4. 对组织有刺激性，静脉注射时勿漏出血管外 5. 患充血性心力衰竭、肾功能不全、水肿和缺钾的病畜慎用
	乳酸钠注射液[典]	主用于代谢性酸中毒，特别是高钾血症等引起的心律失常并伴有酸血症患畜	200~400 mL/次	静脉注射，用时稀释5倍	1. 水肿患畜慎用 2. 肝功能障碍、休克、缺氧或心功能不全的患畜慎用 3. 不宜用生理盐水或其他含氯化钠溶液稀释，以免成为高渗溶液

注：体液补充药与电解质、酸碱平衡调节药在牛无须制定休药期和弃奶期。

十一、泌尿生殖系统药物

类别	药物制剂	适应证	剂量	用法	休药期 / 弃奶期	不良反应及注意事项
利尿药	呋塞米（速尿）片[典]	用于各种水肿症	2 mg/kg	口服	无须制定	1. 可诱发低钠、低钾、低钙与低镁血症等，应补钾或与保钾性利尿药配伍或交替使用 2. 大剂量静脉注射可使听觉受损，应避免与氨基糖苷类抗生素和糖皮质激素合用 3. 可引起胃肠道功能紊乱，贫血、白细胞减少和衰弱等症状 4. 无尿患畜禁用，电解质紊乱或肝、肾损害的患畜慎用 5. 磺胺类药物可增强噻嗪类利尿药的作用
	呋塞米（速尿）注射液[典]		0.5~1.0 mg/kg	肌内注射或静脉注射		
	氢氯噻嗪（双氢克尿噻）片[典]		1~2 mg/kg	口服		1. 严重肝、肾功能障碍和电解质平衡紊乱的患畜慎用 2. 宜与氯化钾合用，以免发生低钾血症

续表

类别	药物制剂	适应证	剂量	用法	休药期/弃奶期	不良反应及注意事项
脱水药	甘露醇注射液[典]	用于脑水肿、脑炎的辅助治疗	1 000~2 000 mL/次	静脉注射	无须制定	1. 大剂量或长期应用可引起水和电解质平衡紊乱，治疗前应先纠正机体脱水 2. 静脉注射不可过快，严重脱水、肺充血或肺水肿、充血性心力衰竭以及进行性肾功能衰竭的患畜禁用 3. 静脉注射时药物漏出血管可使注射部位水肿，皮肤坏死
	山梨醇注射液[典]					
子宫收缩药	缩宫素（催产素）注射液[典]	用于催产及产后子宫出血和胎衣不下等	30~100 单位/次	皮下注射或肌内注射		1. 临产时，若产道异常、胎位不正、子宫颈尚未开放等禁用 2. 用量大时可引起血压升高、少尿及腹痛
	马来酸麦角新碱注射液[典]	临床上主要用于产后止血及加速子宫复原	5~15 mg/次	静脉注射或肌内注射		1. 胎儿未娩出前或胎衣未排出前均禁用 2. 不宜与缩宫素及其他收缩子宫制剂联用
	垂体后叶注射液	用于催产及产后子宫出血和胎衣不下等	以本品计，3~10 mL/次	皮下注射或肌内注射		参见缩宫素注射液
性激素	丙酸睾酮注射液[典]	用于雄性激素缺乏时的辅助治疗	0.25~0.5 mg/kg			1. 具有水钠潴留作用，肾、心或肝功能不全的患畜慎用 2. 可以作治疗用，但不得在动物性食品中检出 3. 仅用于种畜

续表

类别	药物制剂	适应证	剂量	用法	休药期 / 弃奶期	不良反应及注意事项
性激素	苯甲酸雌二醇注射液	用于发情不明显动物的催情及胎衣滞留、死胎排出	5~20 mg/ 次	肌内注射	28 d/7 d	1. 可引起囊性子宫内膜增生和子宫蓄脓 2. 妊娠早期的动物禁用，以免引起流产或胎儿畸形 3. 可以作治疗用，但不得在动物性食品中检出
	黄体酮注射液[典]	用于预防流产	50~100 mg/ 次		30 d/ 无须制定	1. 长期应用可使妊娠期延长 2. 泌乳期禁用
	黄体酮阴道缓释剂	用于控制青年育成母牛和经产母牛的发情周期，适用于牛的同期发情和胚胎移植，以及治疗产后和泌乳期不发情	1 个	阴道内放置，5~8 d 后取出	无须制定	1. 不适用于阴道畸形牛 2. 使用本品时须戴橡胶手套 3. 若动物健康状况差，如疾病或营养缺乏，可能无反应 4. 防止儿童触及
	注射用绒促性素 (HCG)[典]	用于性功能障碍、习惯性流产及卵巢囊肿等	1 000~5 000 单位 / 次	肌内注射，1 周 2~3 次		1. 不宜长期应用，以免产生抗体和抑制垂体促性腺功能 2. 本品溶液极不稳定，且不耐热，应在短时间内用完 3. 临用前用 2~5 mL 灭菌生理盐水溶解

续表

类别	药物制剂	适应证	剂量	用法	休药期 / 弃奶期	不良反应及注意事项
性激素	注射用血促性素	主用于母畜催情和促进卵泡发育；也用于胚胎移植时的超数排卵	催情：1 000~2 000 单位 / 次	皮下注射或肌内注射	无须制定	1. 不宜长期应用，以免产生抗体和抑制垂体促性腺功能 2. 本品溶液极不稳定，且不耐热，应在短时间内用完 3. 临用前用 2~5 mL 灭菌生理盐水溶解
			超排：2 000~4 000 单位 / 次			
	注射用垂体促卵泡素（FSH）	用于卵巢静止、持久性黄体、卵泡发育停滞等，也用于牛超数排卵	超排：450~500 单位 / 次	肌内注射，每天 2 次，间隔 12 h，递减法连用 4 d		1. 用药前，必须检查卵巢变化，并依此修正给药剂量和次数 2. 禁用于促生长 3. 生殖机能正常者方可使用，并需要根据母畜体重和胎次修正剂量
			治疗卵巢静止,持久黄体,卵泡发育停滞：450~500 单位 / 次	肌内注射，隔 2 天 1 次，2~3 次为 1 疗程		
	注射用垂体促黄体素(LH)	用于排卵延迟，卵巢囊肿和习惯性流产等	每次 100~200 单位	肌内注射，临用前用灭菌生理盐水 2~5 mL 稀释		治疗卵巢囊肿时，剂量加倍

续表

类别	药物制剂	适应证	剂量	用法	休药期/弃奶期	不良反应及注意事项
性激素	注射用促黄体素释放激素 A_2	用于防治奶牛排卵迟滞、卵巢静止、持久黄体、卵巢囊肿及早期妊娠诊断	用于奶牛排卵迟滞，12.5~25.0 μg/次	输精同时肌内注射	无须制定	1. 用注射用水和生理盐水稀释，现用现配 2. 使用剂量过大可导致催产失败 3. 使用本品后一般不能再用其他激素 4. 不能减少剂量多次使用，以免引起免疫耐受、性腺萎缩退化等不良反应而降低效果
			用于卵巢静止，25 μg/次，总剂量不超过 75 μg	肌内注射，每天 1 次，连用 1~3 次		
			用于持久黄体和卵巢囊肿，25 μg/次，总剂量不超过 100 μg	肌内注射，每天 1 次，连用 1~4 次		
			奶牛早期妊娠诊断，12.5~25.0 μg/次	配种后 5~8 d 注射 1 次，35 d 内无重复发情判为已妊娠		
	注射用促黄体素释放激素 A_3	用于防治奶牛排卵迟滞、卵巢静止、持久黄体、卵巢囊肿及早期妊娠诊断	25 μg/次	肌内注射		

续表

类别	药物制剂	适应证	剂量	用法	休药期/弃奶期	不良反应及注意事项
性激素	戈那瑞林注射液	促使动物垂体释放促卵泡素和促黄体素，用于治疗奶牛卵巢机能停止，诱导奶牛同期发情	卵巢机能停止一经确诊后立即开始Ovsynch程序;诱导发情于产后50 d左右开始Ovsynch程序	肌内注射	7 d/12 h	1.Ovsynch程序：在开始程序当日每头注射戈那瑞林100~200 μg，第7 d注射氯前列烯醇钠0.5 mg，过48 h第2次注射相同剂量的戈那瑞林，再过18~20 h后输精 2. 禁止用于促生长 3. 使用本品后一般不能同时再用其他类激素 4. 避免儿童触及本品
前列腺素	氯前列醇钠注射液[典]	主用于控制母牛同期发情	0.2~0.3 mg/次		无须制定	1. 不需要流产的妊娠动物禁用 2. 因药物可诱导流产及急性支气管痉挛，因此妊娠妇女和患有哮喘及其他呼吸道疾病的人员操作时应特别小心，不应接触药物 3. 氯前列醇易通过皮肤吸收，不慎接触后应立即用肥皂和水进行清洗 4. 不能与非甾体类抗炎药同时应用 5. 妊娠后5个月使用本品，母畜难产的风险增加，且药效下降
	氯前列醇注射液		0.3~0.6 mg/次			
			0.15~0.3 mg/次	宫内注射		
	注射用氯前列醇钠[典]		0.4~0.6 mg/次	肌内注射，11 d后再注射1次		

续表

类别	药物制剂	适应证	剂量	用法	休药期 / 弃奶期	不良反应及注意事项
前列腺素	甲基前列腺素 $F_{2\alpha}$ 注射液	用于同期发情、同期排卵；也用于治疗持久黄体、诱导分娩和催排死胎等	以 $C_{21}H_{36}O_5$ 的S差向异构体计，2~4 mg/kg	肌内注射或宫颈内注入	1d/ 未制定	1. 大剂量应用可引起腹泻、阵痛等不良反应 2. 妊娠母畜忌用，以免引起流产 3. 治疗持久性黄体时用药前应仔细进行直检，以便针对性治疗

十二、调节组织代谢药物及微生态制剂

类别	药物制剂	适应证	剂量	用法	休药期/弃奶期	不良反应及注意事项
维生素类药	维生素AD油[典]	主要用于维生素A、维生素D缺乏症，如夜盲症、皮炎、角膜软化、骨软症和佝偻病等；局部应用能促进创伤、溃疡愈合	20~60 mL/次	口服	无须制定	1. 用时应注意补充钙剂 2. 维生素AD易因补充过量而中毒，中毒时应立即停用本品和钙剂
	维生素AD注射液		成牛5~10 mL/次，犊牛2~4 mL/次	肌内注射		仅供肌内注射，不得超量使用

续表

类别	药物制剂	适应证	剂量	用法	休药期 / 弃奶期	不良反应及注意事项
维生素类药	维生素 D_3 注射液[典]	主要用于防治维生素 D 缺乏症，如佝偻病、骨软症等	1 500~3 000 单位 /kg	肌内注射	28 d/7 d	1. 过多的维生素 D 会直接影响钙和磷的代谢，减少骨的钙化作用，在软组织出现异位钙化，以及导致心律失常和神经功能紊乱等症状 2. 维生素 D 过多还会间接干扰其他脂溶性维生素（如维生素 A、维生素 E 和维生素 K）的代谢 3. 使用维生素 D 时应注意补充钙剂，中毒时应立即停用本品和钙制剂 4. 长期大量使用液状石蜡和新霉素可减少维生素 D 的吸收，苯巴比妥等药酶诱导剂能加速维生素 D 的代谢
	维生素 D_2 胶性钙注射液	用于维生素 D 缺乏所致的钙质代谢障碍，如骨软症和佝偻病不适合口服给药的动物	5~20 mL/ 次	皮下注射或肌内注射	无须制定	
	维生素 E 注射液[典]	主要用于因维生素 E 缺乏所致的不孕症、白肌病等	以维生素 E 计，犊牛 0.5~1.5 g/ 次			1. 维生素 E 和硒具有协同作用 2. 大剂量的维生素 E 可延迟抗缺铁性贫血药物的治疗效应，还可诱导凝血障碍 3. 液状石蜡、新霉素能减少本品的吸收 4. 偶尔可引起死亡、流产或早产等过敏反应，可立即注射肾上腺素或抗组胺药物治疗 5. 注射体积超过 5 mL 时应分点注射

续表

类别	药物制剂	适应证	剂量	用法	休药期 / 弃奶期	不良反应及注意事项
维生素类药	维生素 B_1 片[典]	主要用于维生素 B_1 缺乏症，如多发性神经炎，也用于胃肠弛缓等	100~500 mg/次	口服	无须制定	1. 与其他 B 族维生素或维生素 C 合用，可对代谢发挥综合疗效 2. 注射剂偶见过敏反应，甚至休克 3. 本品可增强神经肌肉阻断剂的作用
	维生素 B_1 注射液[典]			皮下注射或肌内注射		
	复合维生素 B 注射液	用于防治 B 族维生素缺乏所致的多发性神经炎、消化机能障碍、癞皮病和口腔炎	10~20 mL/ 次	肌内注射		本品含维生素 B_1、维生素 B_2、维生素 B_6 等
	复合维生素 B 水溶液		每日量，30~70 mL	口服		
	维生素 B_2 片[典]	主要用于维生素 B_2 缺乏症，如口炎、皮炎、角膜炎等	100~150 mg/ 次			1. 动物使用本品后，尿液呈黄色 2. 不宜与氨苄西林、黏菌素、链霉素、红霉素、四环素以及维生素 C 配伍
	维生素 B_2 注射液[典]			皮下注射或肌内注射		
	维生素 B_6 片[典]	用于皮炎和外周神经炎等	3~5 g/ 次	口服		与维生素 B_{12} 合用，可促进维生素 B_{12} 的吸收
	维生素 B_6 注射液[典]			皮下注射、肌内注射或静脉注射		

续表

类别	药物制剂	适应证	剂量	用法	休药期/弃奶期	不良反应及注意事项
维生素类药	维生素 B_{12} 注射液[典]	用于维生素 B_{12} 缺乏所致的贫血和幼畜生长迟缓	1~2 mg/次	肌内注射	无须制定	1. 肌内注射偶见皮疹、瘙痒、腹泻及过敏性哮喘 2. 治疗巨幼红细胞贫血时，与叶酸联用效果更好
	维生素 C 注射液[典]	主要用于维生素 C 缺乏症、发热、慢性消耗性疾病等	2~4 g/次	肌内注射或静脉注射		1. 与水杨酸类和巴比妥合用能增加维生素 C 的排泄 2. 与维生素 K_3 、维生素 B_2、碱性药物和铁离子等溶液配伍，可影响药效，不宜配伍 3. 大剂量应用时可酸化尿液，使某些有机碱类药物排泄增加，并减弱氨基糖苷类药物的抗菌作用 4. 对氨基糖苷类、β－内酰胺类、四环素类等多种抗生素及维生素 B_{12} 和维生素 B_2 具有不同程度的灭活作用，因此不宜与这些药物混合注射 5. 因在瘤胃内易被破坏，反刍动物不宜内服 6. 给予高剂量时，草酸盐、尿酸盐和胱氨酸结晶形成的风险增加

续表

类别	药物制剂	适应证	剂量	用法	休药期/弃奶期	不良反应及注意事项
维生素类药	烟酰胺片[典]	烟酸、烟酰胺两者合称为维生素PP。主要用于维生素PP缺乏症。此外牛补充维生素PP可提高氮利用率、促进生长、提高奶产量	3~5 mg/kg	口服		无
	烟酰胺注射液[典]		成牛0.2~0.6 mg/kg，犊牛不超过0.3 mg/kg	肌内注射	无须制定	肌内注射，会引起局部疼痛
	烟酸片[典]		3~5 mg/kg	口服		无
钙、磷与微量元素	氯化钙注射液[典]	钙补充药，用于低钙血症以及毛细血管通透性增加所致的疾病	以氯化钙计，5~15 g/次	静脉注射		1. 本品刺激性强，不宜皮下或肌内注射，其5%溶液不可直接静脉注射，注射前应以10~20倍葡萄糖注射液稀释 2. 静脉注射宜缓慢，速度过快可引起低血压、心律失常和心跳停止 3. 勿漏出血管。若发生漏出，受影响局部可注射生理盐水、糖皮质激素和1%普鲁卡因 4. 与噻嗪类利尿药、维生素A和维生素D等合用可引起高钙血症 5. 应用强心苷期间禁用本品
	氯化钙葡萄糖注射液[典]	钙补充药，用于低钙血症、心脏衰竭、荨麻疹、血管神经性水肿和其他毛细血管通透性增加的过敏性疾病	100~300 mL/次			

续表

类别	药物制剂	适应证	剂量	用法	休药期/弃奶期	不良反应及注意事项
钙、磷与微量元素	碳酸钙[典]	钙补充药，用于钙缺乏症	30~120 g/次	口服	无须制定	1. 口服给药有一定的胃肠刺激性 2. 维生素 D 和雌激素可增加钙的吸收 3. 与四环素类同用可减少两者的吸收 4. 与氧化镁等有轻泻作用的抗酸药联用，可减少嗳气、便秘等不良反应
	磷酸氢钙片[典]	钙、磷补充药，用于钙、磷缺乏症	12 g/次			1. 口服可减少四环素类、氟喹诺酮类在胃肠道的吸收 2. 与维生素 D 同用可促进钙吸收，但量大可诱导高钙血症
	亚硒酸钠注射液[典]	硒补充药，用于防治幼畜白肌病等	以亚硒酸钠计，成牛 30~50 mg/次，犊牛 5~8 mg/次	肌内注射		1. 皮下或肌内注射时有局部刺激性 2. 硒有较强毒性，中毒时表现为呼吸抑制、虚弱、昏迷等症状，严重可致死亡 3. 补硒的同时添加维生素 E，防治效果更好
	亚硒酸钠维生素 E 注射液[典]	维生素及硒补充药，用于防治幼畜白肌病	犊牛 5~8 mL/次			
	亚硒酸钠维生素 E 预混剂		以本品计，每 1 000 kg 饲料添加 500~1 000 g	混饲		

续表

<table>
<tr><th>类别</th><th>药物制剂</th><th>适应证</th><th>剂量</th><th>用法</th><th>休药期 / 弃奶期</th><th>不良反应及注意事项</th></tr>
<tr><td rowspan="2">钙、磷与微量元素</td><td>葡萄糖酸钙注射液[典]</td><td>钙补充药，用于钙缺乏症及过敏性疾病，亦可解除镁离子中毒引起的中枢抑制</td><td>以葡萄糖酸钙计，20~60 g/ 次</td><td rowspan="2">静脉注射</td><td rowspan="5">无须制定</td><td rowspan="2">1. 本品注射宜缓慢
2. 应用强心苷期间禁用
3. 有刺激性，不宜皮下或者肌内注射；注射液不可漏出血管外，否则会导致疼痛及组织坏死
4. 心脏或肾脏疾病的患畜慎用，可能产生高钙血症</td></tr>
<tr><td>硼葡萄糖酸钙注射液[典]</td><td>用于钙缺乏症</td><td>10 mg/kg</td></tr>
<tr><td rowspan="3">微生态制剂</td><td>蜡样芽孢杆菌活菌制剂（DM423）</td><td rowspan="2">用于犊牛腹泻的防治，并能促进生长</td><td>犊牛 3~6 g/ 次</td><td>口服，每天 2 次，连用 3~5 d</td><td rowspan="2">1. 不得与抗菌药物同时使用
2. 病重可逐头喂服</td></tr>
<tr><td>蜡样芽孢杆菌活菌制剂（SA38）</td><td>犊牛 0.10~0.15 g/kg，预防量减半</td><td>口服，每天 2 次，连用 7 d</td></tr>
<tr><td>乳酸菌复合活菌制剂</td><td>对沙门氏菌和大肠杆菌引起的犊牛白痢、黄痢有疗效，并可调整胃肠道菌群失调，促进生长</td><td>犊牛 3~5 g/次，连用 3~5 d 为 1 个疗程</td><td>口服，用凉水溶解后作饮水或拌入饲料中口服或灌服</td><td>1. 本品严禁与抗菌药物或抗菌药物添加剂同时服用
2. 服用本制剂时，不得用含消毒剂（如氯制剂）的自来水稀释，要用煮沸后的凉开水稀释，水温不得超过 30 ℃，稀释后限当日用完</td></tr>
</table>

续表

类别	药物制剂	适应证	剂量	用法	休药期 / 弃奶期	不良反应及注意事项
微生态制剂	双歧杆菌、乳酸杆菌、粪链球菌、酵母菌复合活菌制剂	用于预防腹泻	0.5 g/kg	口服，混入少量饲料、奶中饲喂，或直接灌服，每天 2 次，连用 5~7 d	无须制定	1. 现用现配 2. 服用本制剂时，应停用各类抗菌药物 3. 饮用时用煮沸的凉开水稀释，水温不得超过 30 ℃，不得用含有消毒剂（如氯制剂）的水稀释 4. 幼畜出生后立即服用效果更佳
	枯草芽孢杆菌活菌制剂（TY7210 株）	用于防治细菌性腹泻和促生长	预防：犊牛 30 mL/ 次 治疗：犊牛 60 mL/ 次，成牛 120 mL/ 次	口服，灌服或与少量饲料混合饲喂，每天 1 次，连用 1~3 d		1. 严禁注射 2. 不得与抗菌药物同时使用 3. 打开内包装后，限当日用完 4. 幼畜出生后立即服用效果更佳
其他	二氢吡啶预混剂	为促生长添加剂，能提高奶牛情期受胎率、公牛精液品质	以本品计，每 1 000 kg 饲料加入 2~3 kg	混饲	7 d/7 d	现配现用，饲喂前与饲料混合

续表

类别	药物制剂	适应证	剂量	用法	休药期/弃奶期	不良反应及注意事项
其他	盐酸甜菜碱预混剂	能提供高效活性的甲基供体，提高饲料利用率，促进脂肪代谢，提高胴体品质，保护肠道上皮细胞。用于促生长	以盐酸甜菜碱计，每1000 kg饲料加入1.5~4.0 kg	混饲	无须制定	无
	复方布他磷注射液	用于动物急慢性代谢紊乱疾病	以本品计，10~25 mL/次，犊牛减半	静脉注射、肌内注射、皮下注射		1. 对注射部位有强烈的刺激性 2. 严格控制剂量，以免中毒 3. 制剂不可冷冻

十三、抗过敏药

药物制剂	适应证	剂量	用法	休药期 / 弃奶期	不良反应及注意事项
盐酸苯海拉明注射液[典]	抗组胺药，组胺 H_1 受体阻断药，用于变态反应性疾病，如荨麻疹、过敏性皮炎、血清病等，还用于治疗蹄叶炎	100~500 mg/ 次	肌内注射，每天 2 次，连用 3 d	28 d/7 d	1. 作用快而短暂，有中枢抑制作用，会引起动物嗜睡 2. 大剂量静脉注射会引起中毒，以中枢过度兴奋为主，此时可用短效巴比妥类（硫喷妥钠）解救 3. 与钙制剂、维生素 C 合用效果更好 4. 可增强麻醉药、镇静药的作用 5. 对于过敏性疾病，本品仅是对症治疗，同时还须对因治疗 6. 严重的过敏病例应先注射肾上腺素，然后再注射本药物，一般要连续使用 3 d
盐酸异丙嗪片[典]	抗组胺药，用于变态反应性疾病，如荨麻疹、血清病等	0.25~1.00 g/ 次	口服		1. 忌与碱性溶液或生物碱合用 2. 其他注意事项参见盐酸苯海拉明
盐酸异丙嗪注射液[典]		250~500 mg/ 次	肌内注射		1. 注射液为无色的澄明液体，如呈紫红色乃至绿色时，不可使用 2. 本品有较强刺激性，不可作皮下注射 3. 其他参见盐酸苯海拉明注射液

续表

药物制剂	适应证	剂量	用法	休药期 / 弃奶期	不良反应及注意事项
马来酸氯苯那敏（扑尔敏）注射液[典]	抗组胺药，抗过敏同苯海拉明，但作用强且持久。用于过敏性疾病，如荨麻疹、过敏性皮炎、血清病等，也用于治疗蹄叶炎	60~100 mg/ 次	肌内注射，每天 2 次	未制定	1. 中枢抑制作用较苯海拉明弱，有一定胃肠刺激作用 2. 钙制剂、维生素 C 可增强其抗组胺作用 3. 可增强解热镇痛抗炎类药物的作用 4. 严重急性过敏病例，一般先给予肾上腺素，然后再注射本品。全身治疗维持 3 d 5. 局部刺激性较强，不宜皮下注射 6. 针对过敏性疾病，本品只是对症治疗，须对因治疗，才能防止症状复发
马来酸氯苯那敏片[典]		80~100 mg/ 次	口服，每天 2 次		

十四、局部用药物

类别	药物制剂	适应证	剂量	用法	不良反应及注意事项
局部麻醉药	盐酸普鲁卡因注射液[典]	用于浸润麻醉、传导麻醉、硬膜外麻醉和封闭疗法	每个注射点每次10~20 mL	浸润麻醉和封闭疗法：配成0.25%~0.50% 溶液 传导麻醉：配成2%~ 5% 溶液	1. 剂量过大易出现吸收作用，可引起中枢神经系统先兴奋后抑制的中毒症状，应进行对症治疗 2. 本品应用时可加入 0.1% 盐酸肾上腺素注射液，以减少普鲁卡因吸收，延长局麻时间
			20~30 mL/ 次	硬膜外麻醉：配成2%~5% 溶液	
	盐酸利多卡因注射液[典]	用于表面麻醉、浸润麻醉、传导麻醉和硬膜外麻醉	每个注射点8~12 mL	浸润麻醉：配成0.25%~0.5% 溶液 表面麻醉：配成2%~5% 溶液 传导麻醉：配成2% 溶液	1. 当本品用于静脉注射时，不可加肾上腺素 2. 推荐剂量使用时，有时可出现呕吐 3. 剂量过大易出现吸收作用，可引起中枢抑制、共济失调、肌肉震颤等，必须控制用量
			8~12 mL/ 次	硬膜外麻醉：配成2% 溶液	

续表

<table>
<tr><th>类别</th><th>药物制剂</th><th>适应证</th><th>剂量</th><th>用法</th><th>不良反应及注意事项</th></tr>
<tr><td>局部刺激药</td><td>浓碘酊[典]</td><td>含碘 10%，外用于局部慢性炎症</td><td rowspan="2">适量</td><td>局部涂擦</td><td>刺激性强，皮肤局部反复涂擦可引起炎症反应</td></tr>
<tr><td>保护药</td><td>白陶土[典]</td><td>外用于创伤及糜烂性湿疹的撒布，也可用于关节炎、挫伤等</td><td>外用作敷剂和撒布剂的基质或作热（冷）敷剂</td><td>能吸附其他药物和影响消化酶活性</td></tr>
<tr><td rowspan="2">子宫腔内用药</td><td rowspan="2">醋酸氯己定栓</td><td rowspan="2">消毒防腐药，用于预防牛产后子宫、产道感染，以及由细菌引起的子宫内膜炎和子宫颈炎等</td><td>预防产后子宫、产道感染：2 粒 / 次</td><td>产后胎衣排出后给药，隔天 1 次，连用 2~3 次</td><td rowspan="2">1. 肥皂等碱性物质、阴离子表面活剂及硬水中的阴离子会降低本品杀菌效力，不宜配伍使用
2. 禁与汞、甲醛、碘酊、高锰酸钾等消毒剂配伍使用
3. 用药后待发情黏液变成蛋清色方可配种</td></tr>
<tr><td>治疗子宫内膜炎：2 粒 / 次</td><td>每天 1 次</td></tr>
</table>

续表

类别	药物制剂	适应证	剂量	用法	不良反应及注意事项
子宫腔内用药	醋酸氯己定子宫注入剂	同此列上	预防产后感染，1支/次	子宫内灌注，产后5~7 d给药1次，2 d后再给药1次	1. 使用前将药物充分摇匀 2. 肥皂等碱性物质、阴离子表面活剂及硬水中的阴离子降低本品杀菌效力，不宜配伍使用 3. 禁与汞、甲醛、碘酊、高锰酸钾等消毒剂配伍使用 4. 用药后待发情黏液变成蛋清色方可配种
			治疗急性子宫内膜炎，1支/次	子宫内灌注，产后开始给药，每3 d 1次，连用1~4次	
			治疗慢性子宫内膜炎，1支/次	子宫内灌注，一个发情期注药1次或每7~10 d 1次，连用1~4次	
			治疗顽固性子宫内膜炎和宫颈炎，1支/次	先用其他药物冲洗子宫，再注入本品，每2 d 1次，连用1~4次	
	氟苯尼考子宫注入剂[典]	酰胺醇类抗生素，用于敏感菌所致的牛子宫内膜炎	以氟苯尼考计，2 g/次，或25 mL（1支）/次	子宫内灌注，每3 d 1次，连用2~4次	1. 过量使用可引起牛暂时性饮食减少和腹泻，停药后可恢复，其他参见甲砜霉素 2. 怀孕母牛禁用 3. 休药期28 d，弃奶期7 d

续表

类别	药物制剂	适应证	剂量	用法	不良反应及注意事项
子宫腔内用药	盐酸多西环素子宫注入剂	四环素类抗生素，用于预防牛产后感染，治疗敏感菌引起的急、慢性和顽固性子宫内膜炎、子宫蓄脓、子宫炎和宫颈炎等	预防产后感染，1支/次	排出胎衣后子宫腔灌注，每天1次	1. 用药前将药液振摇均匀 2. 用药前将牛的阴部、器械和工具进行常规消毒 3. 药物全部注入子宫体内，再注入空气或温开水，以确保没有药物残留 4. 休药期28 d，弃奶期7 d
			治疗急性病例，1支/次	子宫腔灌注，每3 d1次，连用1~4次	
			治疗慢性子宫内膜炎，1支/次	子宫腔灌注，一个发情期注药1次或每7~10 d 1次，连用1~4次	
			治疗顽固性子宫内膜炎，1支/次	先用露它净溶液（露它净4 mL加水96 mL）1 000~2 000 mL冲洗，再注入本品，连用1~4次	

续表

类别	药物制剂	适应证	剂量	用法	不良反应及注意事项
子宫腔内用药	重组溶葡萄球菌酶粉	蛋白类抗菌药，用于葡萄球菌、链球菌、化脓棒状杆菌等革兰氏阳性菌引起的牛急、慢性子宫内膜炎	治疗子宫内膜炎，800~1 200 单位 / 次	用注射用水溶解并稀释成 100~150 mL 子宫内注入，每 2 d 1 次，连用 3 次	1. 现用现配 2. 注入操作时做好术部和用具的清洁消毒
眼科用药	盐酸丁卡因[典]	长效酯类局麻药，用于眼科、泌尿道等黏膜表面麻醉	配成 0.5%~1.0% 溶液	黏膜或眼结膜表面麻醉	大剂量可致心脏传导系统抑制
	硫酸新霉素滴眼液[典]	抗菌药，用于结膜炎、角膜炎等细菌感染	配成 0.5% 溶液	滴眼	无
	硫酸锌滴眼液[典]	收敛药，用于结膜炎	配成 0.5%~1.0% 溶液		
	醋酸氢化可的松滴眼液[典]	糖皮质激素类药物，用于结膜炎、虹膜炎、角膜炎、巩膜炎等	适量	点眼，每天 2~3 次	1. 角膜溃疡忌用 2. 眼部细菌感染时，应与抗菌药物联合使用
	0.5% 醋酸泼尼松眼膏[典]				

注：多数局部用药物应用于牛时无须制定休药期和弃奶期。

十五、乳房内用药

药物制剂	适应证	剂量	用法	休药期 / 弃奶期	不良反应及注意事项
苄星氯唑西林乳房注入剂（干乳期）[典]	主要用于治疗敏感菌引起的奶牛干乳期乳房炎	以氯唑西林计，干乳期奶牛，每乳室 0.5 g	乳管注入	42 d/4 d	1. 牛产犊前 42 d 使用，禁用于泌乳期奶牛 2. 弃奶期为产犊后 4 d
重组溶葡萄球菌酶粉	蛋白类抗菌药，用于葡萄球菌、链球菌、化脓棒状杆菌等革兰氏阳性菌引起的牛临床型和亚临床型乳房炎	治疗乳房炎，400 单位 / 乳区	用加热到与体温相同的注射用水溶解并稀释成 50~100 mL 乳房内注入，早、晚挤奶后各 1 次，连用 4 d	未制定 /24 h	1. 现用现配 2. 乳房注入前将患病乳区乳汁挤净，用 75% 酒精消毒乳头，注入后按摩乳房，使药液散开

续表

药物制剂	适应证	剂量	用法	休药期 / 弃奶期	不良反应及注意事项
盐酸吡利霉素乳房注入剂（泌乳期）	林可胺类抗生素，用于治疗葡萄球菌、链球菌引起的奶牛泌乳期临床型和亚临床型乳房炎	泌乳期奶牛，50 mg/ 乳室	挤奶后乳管注入，每天 1 次，连用 2 d	未制定 /72 h	1. 依病情可适当增加剂量或延长疗程，但同时要执行最长弃奶期 2. 仅供乳房注入，应严格无菌操作，用药前，用含有适宜乳房消毒剂的温水洗净乳头，待干燥后挤净乳房内的奶，再用适宜的消毒剂（如酒精）给乳头彻底消毒后方可给药 3. 给药期间和最长休药期内动物不可食用
盐酸林可霉素乳房注入剂（泌乳期）典	林可胺类抗生素，用于治疗葡萄球菌、链球菌引起的奶牛临床性和隐性乳房炎	每个感染乳室 1 支	挤奶后乳管注入，每天 2 次，连用 1~2 d	未制定 /7 d	1. 用药时务必将乳挤净，化脓性炎症可用乳导管排净脓汁等炎性分泌物 2. 注药时务必将注射器头完全送入乳池 3. 本品不宜与大环内酯类抗生素（如红霉素）同时使用
利福昔明乳房注入剂（干乳期）典	主要用于预防由金黄色葡萄球菌、链球菌、大肠埃希菌等引起的干乳期奶牛乳房炎	每乳室 1 支	产犊前 60 d 给药，每乳室 1 支	未制定 /0 d	1.按推荐剂量使用未见不良反应 2.仅用于干乳期奶牛 3.皮肤接触本品可能引起过敏反应，操作者使用后应洗手 4.使用前将药物摇匀

续表

药物制剂	适应证	剂量	用法	休药期 / 弃奶期	不良反应及注意事项
盐酸头孢噻呋乳房注入剂（干乳期）典	β－内酰胺类抗生素。用于预防和治疗由金黄色葡萄球菌、停乳链球菌、乳房链球菌和大肠埃希菌等细菌引起的奶牛干乳期乳房炎	每乳室 1 支	干乳期奶牛，在最后一次挤奶后，每乳室注入 1 支	16 d/0 d	1.仅用于干乳期奶牛 2.对 β－内酰胺类抗生素过敏动物禁用 3.使用前充分摇匀，一次性注入 4.对此类药物过敏者请避免直接接触此产品 5.给药前，将乳汁完全挤出，擦净乳头；给药后，轻轻按摩乳房，使药物完全扩散
硫酸头孢喹肟乳房注入剂（干乳期）典	β－内酰胺类抗生素。用于预防和治疗由金黄色葡萄球菌、停乳链球菌、乳房链球菌和大肠埃希菌等细菌引起的奶牛干乳乳房炎		干乳期奶牛，在最后一次挤奶后，每乳室注入 1 支	干乳期超过 5 周，弃奶期为产犊后 1 d；干乳期不足 5 周，弃奶期为给药后 36 d	
硫酸头孢喹肟乳房注入剂（泌乳期）典	β－内酰胺类抗生素。用于预防和治疗由敏感菌引起的奶牛泌乳期乳房炎	感染乳室 1 支	泌乳期奶牛，挤奶后受感染乳室注入 1 支，间隔 12 h 1 次，连用 3 次	未制定 /4 d	本品用于泌乳期牛，如本品在冷冻条件下存放超过 12 h，应在室温条件下放置 20 min 后再供临床使用。其余注意事项参上

十六、解毒药

类别	药物制剂	适应证	剂量	用法	不良反应及注意事项
金属络合剂	二巯丙磺钠注射液[典]	主要用于解救汞、砷中毒，亦用于铅、镉等中毒	5~8 mg/kg	静脉注射或肌内注射	1. 本品为无色澄明液体，混浊变色时不能使用 2. 一般多采用肌内注射，静脉注射速度宜慢
胆碱酯酶复活剂	碘解磷定注射液[典]	用于解救有机磷农药中毒。碘解磷定可用于解救多种有机磷中毒，如对内吸磷、对硫磷等中毒的疗效较好，而对敌敌畏、马拉硫磷、敌百虫等中毒疗效较差，对氨基甲酸酯类中毒则无效。氯解磷定作用较强，相当于碘解磷定的 1.53 倍，且不良反应也较小	15~30 mg/kg	静脉注射	1. 有机磷口服中毒的动物先以 2.5% 碳酸氢钠溶液彻底洗胃（敌百虫除外）；由于消化道后部也可吸收有机磷，应用本品至少维持 48~72 h，以防延迟吸收的有机磷加重中毒程度，甚至致死 2. 用药过程中定时测定血液胆碱酯酶水平，作为用药监护指标。必要时应及时重复使用本品 3. 禁与碱性药物配伍 4. 对轻度有机磷中毒，可单独应用本品或联用阿托品控制中毒症状；但中度或重度中毒时，因本品对体内已蓄积的乙酰胆碱无作用，故必须合用阿托品 5. 与阿托品有协同作用，与阿托品联合应用时，可适当减少阿托品剂量

续表

类别	药物制剂	适应证	剂量	用法	不良反应及注意事项
高铁血红蛋白还原剂	亚甲蓝（美蓝）注射液[典]	用于解救亚硝酸盐中毒	1~2 mg/kg	静脉注射	1. 刺激性强，禁止皮下或肌内注射 2. 亚甲蓝溶液与多种药物存在配伍禁忌，不得与其他药物混合注射 3. 静脉注射过快可引起呕吐、呼吸困难、血压降低、心率加快和心律失常 4. 用药后尿液呈蓝色，有时可产生尿路刺激症状
氰化物解毒剂	亚硝酸钠注射液[典]	用于解救氰化物中毒	2 g/ 次		1. 注射中出现严重不良反应时应立即停止给药 2. 治疗氰化物中毒时，可引起血压下降，应密切注意血压变化 3. 治疗氰化物中毒时，宜再静脉注射硫代硫酸钠；过量引起的中毒可用亚甲蓝解救
	硫代硫酸钠(大苏打）注射液[典]	主要用于解救氰化物中毒，也可用于砷、汞、铅、铋、碘等中毒	5~10 g/ 次	静脉注射或肌内注射	1. 本品对氰化物解毒产生作用较慢，应先静脉注射亚硝酸钠再缓慢注射本品，但不能将两种药液混合静脉注射 2. 对口服中毒动物，还应使用本品的 5% 溶液洗胃，并于洗胃后保留适量溶液于胃中

续表

类别	药物制剂	适应证	剂量	用法	不良反应及注意事项
氟乙酰胺解毒剂	乙酰胺（解氟灵）注射液[典]	用于解救氟乙酰胺等有机氟中毒	50~100 mg/kg	静脉注射或肌内注射	为减轻局部疼痛，肌内注射时可配合适量的盐酸普鲁卡因注射液

注：解毒药应用于牛时无须制定休药期和弃奶期。

附表 1　牛常见病原的抗菌药物选择

微生物和疾病	首选药物	备用（次选）药物
革兰氏阳性球菌		
金黄色葡萄球菌（敏感株）	青霉素 G	氨苄西林、阿莫西林
金黄色葡萄球菌（产酶株）	苯唑西林，氯唑西林	第一代头孢菌素、林可胺类、庆大霉素、卡那霉素
金黄色葡萄球菌（耐甲氧西林株）	*万古霉素*	*万古霉素＋利福平*、*万古霉素*＋庆大霉素或*环丙沙星*或*磷霉素*（注射）
金黄色葡萄球菌（骨髓炎）	*林可胺类*	*环丙沙星*
化脓链球菌	青霉素 G	第一代头孢菌素、*万古霉素*、林可胺类、大环内酯类、氨苄西林、阿莫西林、磺胺类
肺炎链球菌（肺炎球菌）	青霉素 G	大环内酯类、第一代头孢菌素、林可胺类、*万古霉素*、*美罗培南*
肺炎链球菌（耐青霉素株）	头孢噻呋、氟喹诺酮类	无
粪链球菌 心内膜炎等严重感染 单纯性泌尿道感染	 氨苄青霉素＋庆大霉素、青霉素 G＋庆大霉素 氨苄青霉素、阿莫西林	 *万古霉素*＋庆大霉素、林可胺类 *呋喃妥因*、庆大霉素
厌氧性链球菌（消化链球菌）	青霉素 G	林可胺类、第一代头孢菌素、大环内酯类

续表

微生物和疾病	首选药物	备用（次选）药物
肠球菌 尿路感染 败血症	阿莫西林 氨苄青霉素或青霉素G＋氨基糖苷类	*呋喃妥因*、氟喹诺酮类 *万古霉素*、*去甲万古霉素*
革兰氏阳性杆菌		
炭疽杆菌	青霉素G、*多西环素*	氟喹诺酮类（*环丙沙星*）
产气荚膜梭菌（魏氏梭菌）	青霉素G	林可胺类、*甲硝唑*、四环素类
破伤风杆菌	青霉素G＋破伤风抗毒素（TAT）	四环素类＋TAT、*甲硝唑*＋TAT
棒状杆菌	大环内酯类	青霉素G
肉毒梭菌	青霉素G、四环素类	第一代头孢菌素、氨苄西林、阿莫西林
腐败梭菌	青霉素G	链霉素、四环素类、磺胺类
李氏杆菌	氨苄青霉素、氨苄青霉素＋庆大霉素	四环素类、大环内酯类、增效磺胺（复方磺胺）
放线菌 色列放线菌（放线菌病） 奴卡菌（诺卡菌）	青霉素G 增效磺胺、*米诺环素*	四环素类 磺胺类＋*米诺环素*、磺胺类＋大环内酯类、磺胺类＋氨苄青霉素、*阿米卡星*、*环丝氨酸*

续表

微生物和疾病	首选药物	备用（次选）药物
革兰氏阴性杆菌		
大肠杆菌	氨苄青霉素+*舒巴坦*、阿莫西林+*克拉维酸钾*	氟喹诺酮类、庆大霉素、*阿米卡星*、*哌拉西林*、头孢噻呋
伤寒沙门菌	酰胺醇类	氨苄西林、阿莫西林、氟喹诺酮类、增效磺胺、头孢噻呋
其他沙门菌	头孢噻呋、增效磺胺、氟喹诺酮类	氨苄西林、阿莫西林、酰胺醇类
克雷伯杆菌（肺炎杆菌）	庆大霉素、四环素类	*阿米卡星*、*哌拉西林*、氧氟沙星、氨苄青霉素+舒巴坦
沙雷菌	庆大霉素、增效磺胺	阿米卡星、哌拉西林+*他唑巴坦*、头孢噻呋
嗜血杆菌	氨苄青霉素、阿莫西林、氨苄青霉素+酰胺醇类	增效磺胺、四环素类、第二代头孢菌素、头孢噻呋、氨基糖苷类、氟喹诺酮类
坏死杆菌	磺胺类	*多西环素*、土霉素、*金霉素*、*螺旋霉素*
布鲁氏菌	四环素类、四环素类+庆大霉素	增效磺胺+庆大霉素、*利福平*+庆大霉素

续表

微生物和疾病	首选药物	备用（次选）药物
铜绿假单胞菌（绿脓杆菌） 尿道感染 其他感染	*环丙沙星*、庆大霉素 羧苄西林+庆大霉素（或*妥布霉素*）、*环丙沙星*	增效磺胺+庆大霉素、*利福平*+庆大霉素 *阿米卡星*、哌拉西林+庆大霉素（或*妥布霉素*、*阿米卡星*）、头孢噻呋、*多黏菌素类*
多杀性巴氏杆菌	氨基糖苷类、*喹乙醇*	四环素类、氟喹诺酮类、增效磺胺、酰胺醇类、第一代头孢菌素
土拉伦菌（土拉杆菌）	链霉素、庆大霉素	四环素类、*阿米卡星*、酰胺醇类
耶尔森菌 鼠疫耶尔森菌 肠道耶尔森菌	 链霉素 增效磺胺、庆大霉素	 四环素类、酰胺醇类、庆大霉素 *妥布霉素*、*阿米卡星*、四环素类、头孢噻呋
梭杆菌	青霉素G	*硝基咪唑类*、林可胺类、酰胺醇类
结核菌	*异烟肼*+链霉素、*异烟肼*+*利福平*	*乙胺丁醇*、*吡嗪酰胺*、*乙硫异烟胺*、*环丙沙星*
弯曲杆菌	链霉素、四环素类	*呋喃唑酮*

续表

微生物和疾病	首选药物	备用（次选）药物
其他		
衣原体	四环素类	磺胺类（局部）、大环内酯类、酰胺醇类
肺炎支原体	大环内酯类、四环素类	三代氟喹诺酮类
立克次体（附红体）	四环素类	酰胺醇类
螺旋体		
回归热螺旋体	四环素类	青霉素 G
钩端螺旋体	青霉素 G	四环素类、红霉素

注：1）“＋”示联用；2）斜体字药物是《中华人民共和国兽药典兽药使用指南：化学药品卷》2020 版没有推荐应用于牛的药物。

附表 2　牛常见感染经验治疗的抗菌药物选择

感染性疾病	可能致病源	抗菌药物	
		首选药物	可选药物
皮肤软组织感染、疖、痈	金黄色葡萄球菌（甲氧西林敏感株）	苯唑西林或氯唑西林	第一代头孢菌素单用或加氨基糖苷类、林可胺类、红霉素
淋巴管炎、急性蜂窝织炎	A 组溶血性链球菌	青霉素、阿莫西林	第一代头孢菌素、大环内酯类
外伤及手术创口感染	金黄色葡萄球菌（甲氧西林敏感株）	苯唑西林或氯唑西林	第一代或第二代头孢菌素、*磷霉素*、林可胺类
	金黄色葡萄球菌（甲氧西林耐药株）	*糖肽类*	*磷霉素*、复方磺胺
	大肠埃希菌、肺炎克雷伯菌等肠杆菌	氨苄西林+*舒巴坦*、阿莫西林+*克拉维酸钾*	氟喹诺酮类、第二代或第三代头孢菌素（头孢噻呋）
	消化链球菌等革兰氏阳性厌氧菌	青霉素、林可胺类、阿莫西林	*硝基咪唑类*
	脆弱拟杆菌	*硝基咪唑类*	林可胺类、氨苄西林+*舒巴坦*、阿莫西林+*克拉维酸钾*

续表

感染性疾病	可能致病源	抗菌药物	
		首选药物	可选药物
大面积烧伤、灼伤	葡萄球菌、铜绿假单胞菌、肠杆菌、化脓性链球菌等	*糖肽类*＋哌拉西林或*头孢他啶或头孢哌酮*	*糖肽类*＋氨基糖苷类、氟喹诺酮类注射剂＋氨基糖苷类、哌拉西林＋*三唑巴坦*、*头孢哌酮＋舒巴坦*、*碳青霉烯类*
牙周炎、牙周脓肿	厌氧菌、草绿色链球菌	阿莫西林、*甲硝唑*	大环内酯类、林可胺类
慢性肺部感染	肠杆菌、铜绿假单胞菌、金黄色葡萄球菌	哌拉西林＋氨基糖苷类、第二代或第三代头孢菌素（头孢噻呋）＋氨基糖苷类	大环内酯类＋氨基糖苷类、林可胺类＋氨基糖苷类
吸入性肺炎（异物性肺炎）	口腔厌氧菌、肠杆菌、厌氧菌	大剂量青霉素、克林霉素、哌拉西林＋*甲硝唑*、氨苄西林＋*舒巴坦*、阿莫西林＋*克拉维酸钾*	庆大霉素＋林可胺类或*甲硝唑*、哌拉西林＋*三唑巴坦*、*头孢哌酮＋舒巴坦*、第二代或第三代头孢菌素（头孢噻呋）＋*甲硝唑*或林可胺类
产科手术或流产分娩后	脆弱拟杆菌、无乳链球菌、肠球菌属、大肠埃希菌	哌拉西林＋*硝基咪唑类*、氨苄西林＋*舒巴坦*、阿莫西林＋*克拉维酸钾*	氨基糖苷类＋林可胺类或*甲硝唑*、第二代或第三代头孢菌素（头孢噻呋）＋*甲硝唑*
败血症、肺炎等严重感染	金黄色葡萄球菌、肺炎链球菌	苯唑西林或氯唑西林＋氨基糖苷类	第三代头孢菌素（头孢噻呋）或氟喹诺酮类注射剂＋氨基糖苷类、*糖肽类*

续表

感染性疾病	可能致病源	抗菌药物	
		首选药物	可选药物
急性肾盂肾炎	大肠埃希菌、奇异变形杆菌、肠球菌属	氨苄西林+*舒巴坦*、阿莫西林+*克拉维酸钾*、*头孢呋辛*	*头孢噻肟*、*头孢曲松*、氟喹诺酮类、哌拉西林
反复发作的尿路感染	大肠埃希菌、变形杆菌、克雷伯菌、肠球菌	氨苄西林+*舒巴坦*、阿莫西林+*克拉维酸钾*	第三代头孢菌素（头孢噻呋）、氟喹诺酮类、*头孢克洛*、*头孢呋辛*、*磷霉素*
复杂性尿路感染	肠杆菌、铜绿假单胞菌、肠球菌	阿莫西林+*克拉维酸钾*、氨苄西林+*舒巴坦*、氟喹诺酮类、*头孢呋辛*	第三代头孢菌素（头孢噻呋）、哌拉西林+*三唑巴坦*
附睾、睾丸炎	肠杆菌、衣原体、奈瑟菌	氟喹诺酮类、*头孢曲松*+*多西环素*	氨苄西林+*舒巴坦*、第二代或第三代头孢菌素（头孢噻呋）
输卵管炎	拟杆菌、肠杆菌、链球菌、奈瑟菌、衣原体、支原体	氟喹诺酮类+*甲硝唑*、*头孢曲松*+*甲硝唑*	氨基糖苷类+*甲硝唑*或林可胺类
感染性腹泻	志贺杆菌、大肠杆菌、空肠弯杆菌、沙门氏菌	氨苄西林+*舒巴坦*、阿莫西林+*克拉维酸钾*、氟喹诺酮类	复方磺胺（如 SMM + TMP 等）、*磷霉素*、红霉素
原发性腹膜炎	肠杆菌、肺炎链球菌、肠球菌	哌拉西林、*头孢噻肟*、*头孢曲松*	氟喹诺酮类

续表

感染性疾病	可能致病源	抗菌药物	
		首选药物	可选药物
继发性（肠穿孔等）腹膜炎	肠杆菌、肠球菌、拟杆菌	第三代头孢菌素（头孢噻呋）+*甲硝唑*、氨苄西林+舒巴坦	氟喹诺酮类+*甲硝唑*或哌拉西林+*三唑巴坦*、*头孢哌酮+舒巴坦*，严重的用*亚胺培南或美罗培南*
乳腺炎或乳腺脓肿	金黄色葡萄球菌	苯唑西林、氯唑西林	*头孢唑林*、林可胺类、氨基糖苷类
化脓性关节炎	金黄色葡萄球菌、奈瑟菌、化脓性链球菌、肠杆菌	苯唑西林或氯唑西林+第三代头孢菌素（头孢噻呋）	苯唑西林或氯唑西林+氟喹诺酮类
急性骨髓炎	金黄色葡萄球菌、化脓性链球菌	苯唑西林、氯唑西林、第一代或第二代头孢菌素	林可胺类、如是 MRSA 感染，可选用*糖肽类*
	金黄色葡萄球菌、肠杆菌、铜绿假单胞菌	苯唑西林或氯唑西林+哌拉西林或氟喹诺酮类，或根据细菌药敏试验结果选药	林可胺类+氨基糖苷类、*糖肽类*+氟喹诺酮类
慢性骨髓炎	金黄色葡萄球菌、肠杆菌、铜绿假单胞菌	苯唑西林或氯唑西林+哌拉西林或氟喹诺酮类，或根据细菌药敏试验结果选药	林可胺类+氨基糖苷类、*糖肽类*+氟喹诺酮类

注：1）“+”示联用； 2）斜体字药物是《中华人民共和国兽药典兽药使用指南：化学药品卷》2020 版没有推荐应用于牛的药物。

附表 3　养殖场常用消毒药物的选择

种类	主要药物	作用特点	作用范围
酚类	苯酚（酚或石炭酸）、复合酚、甲酚皂溶液、氯甲酚溶液	能杀灭细菌、真菌和部分菌体芽孢，但对病毒的作用较弱	圈舍、环境、器具、排泄物和车辆
醛类	甲醛溶液、复方甲醛溶液、浓戊二醛溶液、（稀）戊二醛溶液、复方戊二醛溶液	能杀死细菌繁殖体、芽孢（如炭疽芽孢）、结核分枝杆菌、病毒及真菌等	圈舍、器具
酸类	醋酸	对细菌繁殖体作用最强，依次为真菌、病毒、结核分枝杆菌及芽孢	创面、饲料
季铵盐类	辛氨乙甘酸溶液、苯扎溴铵溶液、癸甲溴铵溶液、度米芬、醋酸氯己定	对细菌和真菌有效，对芽孢无效	创面、皮肤、环境、器具
醇类	乙醇	能杀死细菌繁殖体，对结核分枝杆菌、囊膜病毒也有杀灭作用，但对芽孢无效	皮肤

续表

种类	主要药物	作用特点	作用范围
卤素类	含氯石灰（漂白粉）、次氯酸钠溶液、复合次氯酸钙粉、复合亚氯酸钠、二氯异氰尿酸钠粉（优氯净）、三氯异氰脲酸粉、溴氯海因粉	对细菌繁殖体、芽孢、病毒及真菌都有杀灭作用	圈舍、排泄物、水
氧化剂类	过氧乙酸溶液、过硫酸氢钾复合物粉	对细菌、真菌、病毒和芽孢有杀灭作用	圈舍、用具、水
碘与碘化物	碘酊、碘甘油、碘附、碘酸混合溶液、聚维酮碘溶液	对细菌、病毒和真菌均有良好的杀灭作用	皮肤、创面

药物制剂名称索引

（按汉语拼音顺序排列）

G

H

J

K

L

M

N

X

Y

Z

参 考 文 献

[1] 中国兽药典委员会．中华人民共和国兽药典（2020 年版）：一部 [M]．北京：中国农业出版社， 2020.
[2] 中国兽药典委员会．兽药使用指南：化学药品卷（2020 年版）[M]．北京：中国农业出版社，2020.
[3] 陈杖榴，曾振灵．兽医药理学：4 版 [M]．北京：中国农业出版社，2017.
[4] 巩忠福，曹兴元．奶牛场兽药规范使用手册 [M]．北京：中国农业出版社，2019.
[5] 陈世军，崔耀明．肉牛场兽药规范使用手册 [M]．北京：中国农业出版社，2019.
[6] 陈溥言．兽医传染病学：6 版 [M]．北京：中国农业出版社，2015.
[7] 张信，肖定汉，崔治国．牛病智能卡诊断与防治 [M]．北京：金盾出版社，2012.
[8] 李建基，王亨．牛羊病速诊快治技术 [M]．北京：化学工业出版社，2012.
[9] 孔繁瑶．家畜寄生虫学：第二版修订版 [M]．北京：中国农业大学出版社，2010.
[10] 王建华．兽医内科学：4 版 [M]．北京：中国农业出版社，2010.
[11] 朴范泽．兽医全攻略牛病 [M]．北京：中国农业出版社，2009
[12] 王春璈．奶牛临床疾病学 [M]．北京：中国农业科学技术出版社，2007.
[13] 赵兴绪．兽医产科学：5 版 [M]．北京：中国农业出版社，2016.